FORSCHUNGSBERICHTE DES LANDES NORDRHEIN-WESTFALEN

Nr. 1699

Herausgegeben
im Auftrage des Ministerpräsidenten Dr. Franz Meyers
vom Landesamt für Forschung, Düsseldorf

DK 595.7:595.752.2
591.174.9:591.543

Dr. rer. nat. E. Haine
B. E. Eastop

Forschungslaboratorium für angewandte Entomologie
im Museum Alexander Koenig, Bonn

Die Erforschung des Insektenflugs
mit Hilfe neuer Fang- und Meßgeräte:
Der Nachweis von Blattläusen
(Homoptera, Aphidoidea, CB.)
im Park des Museums Alexander Koenig
durch englische Saugfallen
in den Jahren 1959, 1960, 1961 und 1962

Springer Fachmedien Wiesbaden GmbH 1966

ISBN 978-3-663-06085-7   ISBN 978-3-663-06998-0 (eBook)
DOI 10.1007/978-3-663-06998-0

Verlags-Nr. 011699

© 1966 by Springer Fachmedien Wiesbaden

Ursprünglich erschienen bei Westdeutscher Verlag, Köln und Opladen 1966.

Inhalt

I. Einleitung: Die Bedeutung geflügelter Stadien für den jahreszeitlichen Generationsablauf und Wirtswechsel der Blattläuse 7

II. Notwendigkeit und Methode zum Studium der Blattlausmigration im Rheinland 8

III. Ort und Zeit der in Bonn durchgeführten Migrationsexperimente (Fangperioden) 9

IV. Bestimmung der Blattläuse und Belegexemplare 10

V. Charakteristische Tagesfänge, aufgegliedert in Halbstundenintervallen von 1959, 1960, 1961 und 1962 11

VI. Zahl und Saisonformen der bisher identifizierten Arten 12

VII. Die Vertreter der 1. Familie der LACHNIDAE (Pass.) Lichtst., die Baum- und Rindenläuse 13
   a) 1. Subfamilie Cinarinae (Baker) 13
   b) 2. Subfamilie Lachninae (Pterochlorina) (Baker) 13
   c) 3. Subfamilie Traminae (Mordv.) 13

VIII. Die Vertreter der 2. Familie der CHAITOPHORIDAE (Mordv.) CB., die Borstenläuse 14
   a) 1. Subfamilie Chaitophorinae CB. 14
   b) 2. Subfamilie Siphinae CB. 14

IX. Die Vertreter der 3. Familie der CALLAPHIDIDAE (HS. in Koch) CB., die Zierläuse 15
   a) 1. Subfamilie Phyllaphidinae CB. 15
   b) 2. Subfamilie Callaphidinae CB. 16
   c) 3. Subfamilie Therioaphidinae CB. 16

X. Die Vertreter der 4. Familie der APHIDIDAE (HS. in Koch) CB., die Röhrenläuse 18

    a) 1. Subfamilie Pterocommatinae (Mordv.) CB. 18
    b) 2. Subfamilie Aphidinae (Mordv.) CB. 18
    c) 3. Subfamilie Anuraphidinae (Mordv.) CB. 20
    d) 4. Subfamilie Myzinae (Mordv.) CB. 22
    e) 5. Subfamilie Dactynotinae CB. 28

XI. Die Vertreter der 5. Familie der THELAXIDAE CB., die Maskenläuse 32

    a) 1. Subfamilie Anoeciinae (Mordv.) Tullgr. 32
    b) 2. Subfamilie Thelaxinae CB. 32

XII. Die Vertreter der 6. Familie PEMPHIGIDAE (Pass.) CB., die Blasenläuse 33

    a) 1. Subfamilie Schizoneurinae (HS. in Koch) Mordv. 33
    b) 2. Subfamilie Pemphiginae (Lichtst.) Mordv. 33
    c) 3. Subfamilie Fordinae 34

XIII. Die Vertreter der 7. Familie der ADELGIDAE (HS. in Koch) CB., die Tannengalläuse 35

    a) 2. Subfamilie Adelginae CB. 35

XIV. Die Vertreter der 8. Familie der PHYLLOXERIDAE (HS. in Koch), die Zwergläuse 36

    a) 2. Subfamilie Phylloxerinae CB. 36

XV. Zusammenfassung 37

XVI. Literatur 41

I. Die Bedeutung geflügelter Stadien für den jahreszeitlichen Generationsablauf und Wirtswechsel der Blattläuse

Die geflügelten Blattläuse, die unsere landwirtschaftlichen Kulturen im Frühling befallen, kommen größtenteils von perennierenden Pflanzen, ihren Winterwirten, auf denen sie im Frühling in fundatri- und virginogenen Populationen gebildet wurden, um zu ihren Sommerwirten, darunter zahlreichen Ackerpflanzen, abzufliegen.

Hier werden die größtenteils virginogenen Sommergenerationen gebildet, die wiederum in gewissen Perioden und im Zusammenhang mit dem Jahresrhythmus ihrer Wirtspflanzen mit Hilfe geflügelter Stadien Wirtswechsel vornehmen müssen, wenn ihre häufig einjährigen Wirtspflanzen reifen und vergehen bzw. abgeerntet werden.

Im Herbst werden wiederum Geflügelte (nun aber vielfach Sexuparae und Sexuales) gebildet, die zum Winterwirt zurückfliegen, um nach Auffinden der Geschlechter und Kopulation durch Eiablage die Existenz der Art im Winter zu sichern.

Neben dieser **holozyklischen** Form kennt diese interessante Insektengruppe außer geflügelten und ungeflügelten Stadien, parthenogenetisch und geschlechtlich sich fortpflanzenden, wirtswechselnden und nichtwirtswechselnden Generationen bekanntlich auch **anholozyklisch** lebende Arten, die keine Sexualformen mehr erzeugen. Jedoch sind auch diese, ob monözisch oder heterötisch, selten der Notwendigkeit enthoben, im Jahresablauf ihre Wirtspflanze gelegentlich zu verlassen und neue Wirtspflanzen aufzusuchen, was dann wiederum im wesentlichen mit Hilfe geflügelter Stadien geschieht.

II. Notwendigkeit und Methode zum Studium der Blattlausmigration im Rheinland

Wegen ihres größeren Aktionsradius fällt den geflügelten Blattläusen bei der Frühlings-, Sommer- und Herbstmigration naturgemäß eine besondere Bedeutung zu, die sich dadurch noch erhöht, daß die angeflogenen und neubesiedelten Wirtspflanzen nicht nur durch ihren Befall, sondern in den meisten Fällen auch durch Übertragung von Pflanzenvirosen geschädigt werden.
Ein systematisches Studium dieser Massenflüge ist daher dort unerläßlich, wo, wie es im Rheinland der Fall ist, mit beträchtlichem Blattlausbefall jährlich gerechnet werden muß und die Kulturpflanzen vor Befall und Virusübertragung geschützt werden sollen.
Die in England entwickelte Fangmethode der Suction Traps [1–2], die mit Hilfe eines Ventilators ein bestimmtes Luftvolumen per Zeiteinheit in einen Metallgazekonus saugen und die darin enthaltenen Insekten in einem Metalltubus auf Plättchen sammeln, die mit Hilfe eines Relaismechanismus halbstündlich zu Boden fallen, um jeweils den neuen Fang aufzunehmen, stand uns seit 1959 auch in Bonn zur Verfügung. Und zwar benutzten wir zwei Vent-Axia 12″ Suction Traps, die pro Stunde ein Luftvolumen von ca. 40 000 cu. ft. durch die Saugfalle filtrieren.
Diese Fangmethode gestattet es, erstmalig wie in England [3–14] auch in Deutschland ununterbrochen, d. h. tags und nachts und unabhängig vom Wetter über Wochen hin, eine genaue quantitative Analyse sowohl der Aphidenarten als ihrer von Stunde zu Stunde wechselnden Zahlen in der Luft durchzuführen und dadurch insbesondere auch über die großen Massenflüge der Blattläuse in den verschiedenen Jahreszeiten und ihre Wetterabhängigkeit Informationen zu sammeln.
Die gleichzeitig und kontinuierlich vorgenommenen Registrierungen der meteorologischen Faktoren, welche auch einige der zu erfassenden elektrischen Erscheinungen in der Atmosphäre mit einbezogen haben, werden in einer andernorts zu behandelnden biophysikalischen Analyse unserer Versuchsdaten aufgearbeitet werden.
Je umfassender und gründlicher die Voraussetzungen, die zur Migration der Blattläuse führen, und die Bedingungen, die während des Flugstarts, des aktiven Flugs sowie des passiven weiträumigen Lufttransportes und der Landung der Tiere herrschen, bekannt werden, um so wirksamer können Vorbeugungs- und Kontrollmaßnahmen entwickelt werden.
Die erste Vorbedingung hierfür ist, daß wir Kenntnis erlangen von den an den Massenflügen beteiligten Arten und ihrer zahlenmäßigen Häufigkeit über einem Ausgangs- und Befallsgebiet.

III. Ort und Zeit der in Bonn durchgeführten Migrationsexperimente (Fangperioden)

In einem Bericht des Landesamtes für Forschung [15] haben wir bereits über einen Teil der während eines Herbstexperimentes vom 10. bis 31. Oktober 1961 im Park des Museums Alexander Koenig in Bonn festgestellten Blattlausarten und ihre Häufigkeit Mitteilung machen können.

Dieser Bericht schloß die Fänge **einer** Saugfalle ein, die mit der Öffnung etwa 2,30 m vom Boden auf dem Rasen zwischen Parkbäumen und Ziersträuchern stand und uns während dieser Periode insgesamt 19 044 Insekten, darunter 11 727 Blattläuse lieferte, die sich auf 8 Familien, 54 Gattungen und 59 Arten verteilten.

Inzwischen war es uns möglich, nunmehr auch die Fänge der zweiten Falle dieser Fangperiode sowie die Fänge zweier Fallen der Herbstfangperiode 1960 und derjenigen zweier Saugfallen der Sommerfangperiode 1962 und einen Teil des Blattlausmaterials einer Falle aus den Vorversuchen im Herbst 1959, insgesamt 55 000 Blattläuse, zu identifizieren.

In allen hier besprochenen Experimenten standen die Fallen mit der Öffnung 2,30 m über dem Boden auf dem Rasen des Museumsparks zwischen Parkbäumen und Ziersträuchern (1959 auf Rasen zwischen Gebäudeteilen) und zeigten in ihren Fängen beachtliche Saison- und Standortunterschiede, auf die in dieser Arbeit nicht eingegangen werden kann.

Die im folgenden nur mit Jahreszahlen angegebenen Nachweise beziehen sich:

    1959 auf die Fangperiode vom 8. 10. 1959 bis 23. 10. 1959,
    1960 auf die Fangperiode vom 5. 10. 1960 bis 1. 11. 1960,
    1961 auf die Fangperiode vom 10. 10. 1961 bis 31. 10. 1961,
    1962 auf die Fangperiode vom 23. 7. 1962 bis 6. 8. 1962.

IV. Bestimmung der Blattläuse und Belegexemplare

Die Bestimmung der Blattläuse wurde wiederum unter Beratung des BRITISCHEN MUSEUMS in London durchgeführt, indem Herr Dr. V. F. EASTOP, daselbst, liebenswürdigerweise die Identität mehrerer Exemplare jeder Art bzw. Gattung bestätigte. Wir sind ihm hierfür zu herzlichem Dank verpflichtet.
In unserer Darstellung folgen wir der von C. BÖRNER [16] gegebenen Anordnung unter Berücksichtigung der von STROYAN [17] angeführten Synonyme.
Der Einfachheit wegen fügen wir, um Mißverständnisse auszuschließen, hinter jeder Artbezeichnung die bei BÖRNER [16] aufzufindende Numerierung der Art hinter dem Buchstaben B hinzu.
Im FORSCHUNGSLABORATORIUM FÜR ANGEWANDTE ENTOMOLOGIE im MUSEUM ALEXANDER KOENIG in Bonn und im BRITISCHEN MUSEUM (Natural History) in London sind die Belegexemplare der hiermit vorgelegten Ergebnisse deponiert.

V. Charakteristische Tagesfänge, aufgegliedert in Halbstundenintervallen von 1959, 1960, 1961 und 1962

Da es in diesem Bericht nicht möglich ist, auf die zahlenmäßige Verteilung der Arten und Gattungen auf die einzelnen Fangperioden 1959–1962 einzugehen und die Verteilung der Arten auf die verschiedenen Tagesstunden einer umfassenden späteren Analyse vorbehalten bleiben muß, sollen uns hier nur einige charakteristische Tagesfänge der Herbstfänge von 1960 (Tab. 1) und 1961 (Tab. 2) und der Sommerfangperiode 1962 (Tab. 3) interessieren, aus denen die Massierung des Flugs einer ganzen Reihe von Arten während bestimmter Tagesstunden zu ersehen ist.

Auch deuten die Sommerfänge darauf hin, daß – entgegen unserer bisherigen Auffassung – einige Forstaphiden auch während der Nacht ihre Flugaktivität offensichtlich beibehalten, wie aus Tab. 3 hervorgeht.

VI. Zahl und Saisonformen der bisher identifizierten Arten

Die im folgenden zu besprechenden Arten können an dieser Stelle nur in ihrem Auftreten in den einzelnen Fangperioden, nicht nach Zahl und Geschlecht, Erwähnung finden, und zwar beziehen sich die Angaben über ihr Auftreten für 1959, 1960 und 1961 auf die Herbstmigration, die für 1962 auf die Sommerflugperiode. Kosten und Hilfskräfte erlaubten es bisher nicht, eine Flugsaison hindurch kontinuierlich zu fangen, so daß die Bonner Experimente nur Ausschnitte aus dem Gesamtablauf der Jahresmigrationen geben können.
Immerhin ließen sich bisher Vertreter aller acht Blattlausfamilien, über 100 Gattungen und 137 Arten in unseren Fängen nachweisen.
Für die holozyklischen Arten konnte in den meisten Fällen der Nachweis ihrer Beteiligung an der Herbstmigration durch Sexuales (♂♂) erbracht werden, für die als anholozyklisch bekannten Arten konnten im Herbst und Sommer nur weibliche Geflügelte (Virginogenien) festgestellt werden.

VII. Die Vertreter der 1. Familie der LACHNIDAE (Pass.) Lichtst., die Baum- und Rindenläuse

a) 1. Subfamilie Cinarinae (BAKER)

Auf Nadelholzgewächsen bei uns holozyklisch lebende Vertreter der 1. Subfamilie der Cinarinae waren durch:

Eulachnus agilis (KLTB., 1843)   B 1 und 3
von *Pinus silvestris, montana* und *austriaca*, 1961,
nur bis zur Gattung zu bestimmende Tiere,

Eulachnus spec.   B 1–3,5   1959, 1960 und 1961,

Eulachnus (Protolachnus) brevipilosus (CB., 1940)   B 4
auf *Pinus silvestris* und *montana* in Mittel- und Nordwestdeutschland, vermutlich 1960,

Schizolachnus pineti (F., 1776) HOTTES, 1930   B 6,
auf *Pinus silvestris* und *montana*, 1960 und 1962,

die Gattung *Schizolachnus* MORDV., 1909   B 6 und 7
von *Pinus silvestris, montana* und *austriaca*, 1960, vertreten.

Cinara pinicola KLTB., 1843 = *Cinaropsis pilicornis* HTG., 1841   B 28
von *Picea excelsa*, lag vermutlich 1962 vor;

Cinara spec.   B 8–37   war 1961 vertreten.

b) 2. Subfamilie Lachninae (PTEROCHLORINA) (BAKER)

Die auf *Salix*-Arten (*viminalis, fragilis, amygdalina* etc.) anholozyklisch lebende Große Weidenrindenlaus

Tuberolachnus salignus (GMEL., 1788) MORDV., 1909   B 38
konnte 1961 nachgewiesen werden.

c) 3. Subfamilie Traminae (MORDV.)

Vertreter der anholozyklisch an Kräuterwurzeln lebenden 3. Subfamilie der Traminae waren präsentiert durch die Gattung

Protrama BAK., 1920   B 50, 51, 53   1961.

VIII. Die Vertreter der 2. Familie der CHAITOPHORIDAE (Mordv.) CB., die Borstenläuse

a) 1. Subfamilie Chaitophorinae CB.

Die bei uns holozyklisch auf Holzgewächsen lebenden Angehörigen dieser Familie waren wie folgt in den Fängen vertreten:

Periphyllus lyropictus Kessler, 1886 =   B 66

Chaetophorella aceris (L., [1746] 1758) CB., 1940, von *Acer platanoides, campestre*, und

Periphyllus hirticornis = *P. lambersi* CB.   B 68,
von *A. campestre*, bisher aus den Niederlanden und England bekannt, 1962.

Periphyllus testudinacea Fern. =   B 67

P. villosus (Htg., 1841), an allen europäischen und ausländischen *Acer*-Arten lebend, fand sich 1960 und 1961. Vertreter der Gattung:

Periphyllus spec.   B 61–67, außer 66
waren 1959, 1960, 1961 und 1962 in den Fängen vertreten.

Die an Salicaceen verbreiteten Arten:

Chaetophorus truncatus Hausm., 1802   B 72,
von *Salix (caprea, cinerea, aurita)*, wurde 1962 erbeutet,

Chaetophorus tremulae (Koch, 1854)   B 76,
von *Populus tremula*, ebenfalls 1962,

Chaetophorus versicolor (Koch, 1854)   B 77,
von *Populus angulata, canadensis, nigra, italica*, 1961,

Chaetophorus capreae (Mosley, 1841) =   B 83
Tranaphis capreae (Mosley, 1841), auf *Salix caprea, cinerea, aurita* lebend, wurde 1962 gefangen. Vertreter der Gattung

Chaetophorus ssp.   B 69–84
waren 1959, 1960, 1961 und 1962 zugegen.

b) 2. Subfamilie Siphinae CB.

An Gramineen und Cyperaceen holozyklisch lebend, waren 1962

Laingia psammae Theob., 1922   B 85,

Sipha glyceriae (Kltb., 1843)   B 90 und

Sipha maydis (Pass., 1860) = *Rungsia maydis* (Pass., 1860)   B 92,
Überträger des Cucumber mosaic-Virus und Schädling an Mais-, Hafer- und Weizenpflanzungen [18–20], vertreten.

IX. Die Vertreter der 3. Familie der CALLAPHIDIDAE (HS. in Koch) CB., die Zierläuse

In der in Europa holozyklisch lebenden Familie der CALLAPHIDIDAE kommen nur die Vertreter der 1. und 2. Subfamilie der Phyllaphidinae CB. und der Callaphidinae CB. auf Laubholzgewächsen und Bambus vor, die Vertreter der 3. Subfamilie der Therioaphidinae CB. leben an Kleegewächsen.

a) 1. Subfamilie Phyllaphidinae CB.

Euceraphis punctipennis (Zett., 1828)   B 104,
von *Betula alba, verrucosa, concinna*, wurde bisher 1960, 1961 und 1962 nachgewiesen,

Phyllaphis fagi (L., 1767)   B 106,
an *Fagus silvatica*, wurde ebenfalls regelmäßig 1960, 1961 und 1962 angetroffen, während

Betulaphis quadrituberculata (Kltb., 1843)   B 107,
von *Betula verrucosa, alba, humilis*, bisher nur 1962 auftrat. Das gleiche gilt für:

Callipterinella calliptera (Htg., 1841) =   B 108
Calaphis callipterus (Htg., 1841).

Callipterinella tuberculata (v. Heyd., 1837) =   B 109
Calaphis tuberculata (v. Heyd., 1837), die mit der vorhergehenden die Wirtspflanzen *Betula verrucosa* und *B. alba* gemein hat, wurde 1960 und 1962 erbeutet. Auf den gleichen Wirtspflanzen vorkommend wurde

Kallistaphis betulicola (Kltb., 1843)   B 110
1962 bei uns nachgewiesen.

Kallistaphis basalis Stroyan, 1957 =   B 110a
K. flava (Mordv., 1928), von *Betula*, wurde 1961 und 1962 gefangen.

Drepanosiphon aceris (Koch, 1855) =   B 113
D. acerinus (Walk., 1848) Bckt., 1875, *auf Acer campestre*, seltener auf *A. pseudoplatanus* lebend, war nur 1960 und 1962, während

Drepanosiphon platanoidis (Schrk., 1801)   B 114,
häufig auf *Acer pseudoplatanus, platanoides* und *campestre*, 1960, 1961 und 1962 regelmäßig und zum Teil in großer Zahl in unseren Fängen vertreten war. Ebenfalls nur 1962 wurden Vertreter der Gattung

Drepanosiphon Koch, 1855   B 113–116,
von Ahornarten, festgestellt.

b) 2. Subfamilie Callaphidinae CB.

Auf *Juglans regia*, dem Walnußbaum, lebend, wurde

Chromaphis juglandicola (Kltb., 1843) Walk., 1870   B 118
1961 und 1962 in einzelnen Exemplaren erbeutet, während die auf Linden (*Tilia platyphyllos, cordata* etc.) lebende Art

Eucallipterus tiliae (L., 1758)   B 121
1959 und häufiger 1960, 1961, 1962 nachgewiesen werden konnte.

Myzocallis coryli (Goetze, 1778)/*carpini* (Koch, 1855)   B 122 und 123,
auf *Corylus avellana* und *Carpinus betulus* lebend, wurden wie die folgende Gruppe bisher nur 1962 nachgewiesen:

Myzocallis castanicola Gr.   B 124–126,
von der Eßkastanie.

Tuberculoides eggleri (CB., 1950)   B 127,
auf *Quercus lanuginosa* und *cerris* lebend, von Südeuropa, Graz, Jena, Bremen durch Börner bezeugt, lag vermutlich in den Fängen 1962 vor.
Die ebenfalls auf *Quercus*-Arten *(robur, sessilis, lanuginosa)* anzutreffende Spezies

Tuberculoides annulatus (Htg., 1841)   B 128
trafen wir dagegen regelmäßiger 1960 und 1962 in den Saugfallenfängen an.
Nur bis zur Gattung

Myzocallis Pass., 1860/*Tuberculoides* v. d. G., 1915   B 122–128
zu bestimmende Tiere wurden 1959, 1960 und 1961 verzeichnet.
Während die an *Ulmus effusa (laevis)* und *montana (scabra)* lebende Art

Tinocallis platani (Kltb., 1843) CB., 1931   B 129
bisher nur aus den Fängen 1962 vereinzelt festgestellt werden konnte, wurde

Tuberculatus querceus (Kltb., 1843)   B 131,
eine auf *Quercus robur, sessilis, lanuginosa* lebende Art, häufiger 1960, 1961 und 1962 angetroffen.

Pterocallis alni (Deg., 1773)   B 133,
auf *Alnus glutinosa* anzutreffen, wurde bisher nur 1962 festgestellt.

c) 3. Subfamilie Therioaphidinae CB.

Ebenfalls nur 1962 angetroffen wurden die folgenden Vertreter der Therioaphidinae:

Therioaphis trifolii =   B 139
Pterocallidium maculatum (Bckt., 1899), die auf Luzerne *(Medicago sativa, falcata)* lebt und hier schädlich werden kann, und

Therioaphis riehmi = B 144
Myzocallidium riehmi CB., 1949, die an *Melilotus albus*, seltener *officinalis* vorkommt. Nur bis zur Gattung

Therioaphis B 138–143
zu bestimmende Tiere wurden 1959 festgestellt.

X. Die Vertreter der 4. Familie der APHIDIDAE (HS. in Koch) CB., die Röhrenläuse

a) 1. Subfamilie Pterocommatinae (MORDV.) CB.

Die Pterocommatinae waren in den Fängen durch

Pterocamma pilosum BCKT., 1879   B 165,
an *Salix*arten *(alba, fragilis, daphnoides, purpurea, cinerea)* holozyklisch lebend, 1961 vertreten; nur bis zur Gattung

Pterocomma BCKT., 1879   B 163–165
zu bestimmende Tiere 1960 anwesend.

b) 2. Subfamilie Aphidinae (MORDV.) CB.

Die Aphidinae, deren Angehörige, soweit sie einheimische Arten sind, holozyklisch leben, waren zahlreicher vertreten.
Von Rosaceen und Gramineen, Cyperaceen bezeugt, trat die Mehlige Pflaumenblattlaus

Hyalopterus pruni (GEOFFR., 1762) KOCH, 1854   B 172,
durch Befall und Virusübertragung (Cucumber mosaic und Onion yellow dwarf) oft schädlich, 1961 und regelmäßiger in den Sommerfängen 1962 auf; nur bis zur Gattung

Hyalopterus KOCH, 1854   B 172–173a
zu bestimmende Tiere wurden 1961 und 1962 verzeichnet.

Rhopalosiphum nymphaeae (L., 1761) KOCH, 1854   B 174,
deren Hauptwirte *Prunus*-Arten *(armeniaca, domestica* etc.) und Sommerwirte viele Sumpfpflanzen *(Butomus, Potamogeton, Typha, Juncus, Scirpus, Nymphaea* etc.) sind, konnte bisher in allen Herbstfängen der Jahre 1959, 1960 und 1961 und im Sommerfang 1962 festgestellt werden. Die Art ist Virusvektor (unter anderem des Cucumber mosaic) und als Virginogenie in Gewächshäusern lästig.
Die am häufigsten und regelmäßigsten auftretende Art aller Jahrgänge 1959, 1960, 1961 und 1962 war:

Rhopalosiphum padi (L., 1758) v. D. G., 1915   B 175,
die Haferlaus. Ihr Hauptwirt ist die gemeine Traubenkirsche *(Prunus padus)*, Nebenwirte sind außer Gräsern auch Hafer, Gerste und Weizen, an denen sie schädlich werden kann. Sie überträgt darüber hinaus das Peach mosaic-virus, das Cucumber mosaic und das Onion yellow dwarf etc.

Interessant ist der Nachweis von:

Rhopalosiphum maidis (FITCH, 1856) B 176,
der Maisblattlaus, in unseren Fängen, die bisher nur 1960 vereinzelt erbeutet werden konnte. Die Art lebt zirkumtropisch an Mais, Hirserassen und Zuckerrohr oft schädlich und wurde nördlicher bisher nur von Rumänien, den Niederlanden (H. R. LAMBERS) und Frankreich bezeugt. Sie überträgt eine Reihe von Pflanzenvirosen, unter anderem die Mosaikkrankheit der Sommermelone, die gelbe Verzwergung des Getreides, die Blattfleckenvirose auf Mais und das Mosaik des Zuckerrohrs. Die Generationsfolge ist lückenhaft bekannt.
Recht regelmäßig, aber weniger häufig als *Rh. padi* trat

Rhopalosiphum insertum WALK., 1848 = B 177
Rh. oxyacanthae (SCHRK., 1801) 1960, 1961 und 1962 auf. Die Art lebt heterözisch-holozyklisch im Sommer an Gräsern (*Poa-, Glyceria-, Agrostis*-Arten etc.), im Winter an Pomoideen, unter anderem an Apfel- und Birnensorten, *Crataegus, Mespilus, Sorbus* und *Cotoneaster*. Im östlichen Mittelmeer ist die Art schädlich an Reis *(Oryza)*.

Longiunguis pyrarius = *Geoktapia pyraria* (PASS., 1861) B 190,
die Braune Birnengraslaus, lebt het.-holozykl., wie der Name sagt, im Winter an *Pirus communis*, im Sommer unter anderem an *Poa annua*. Die Art, die auf Birne Blattrollung verursacht, konnte bisher nur 1960 in unseren Fängen nachgewiesen werden.

Aphis sambuci L., 1758 B 192,
die het.-holozyklische Holunderblattlaus (Hauptwirt *Sambucus nigra*), lebt im Sommer am Wurzelstock unter anderem von *Rumex-, Moehringia-* und *Dianthus*-Arten. Sie überträgt das Beet yellows, das Cabbage black ring spot und das Elder mosaic. Sie fand sich in unseren Fängen 1960, 1961 und 1962.

Die *Aphis fabae* Gruppe B 193–204,
deren Hauptwirte *Evonymus-, Philadelphus-* und *Viburnum*-Arten sind, und deren wichtigster Vertreter *Aphis fabae* SCOP., 1763, im Sommer als gefürchteter Schädling virginogen auf *Vicia faba, Beta, Spinacia, Papaver, Phaseolus, Dahlia* und zahlreichen Acker- und Zierpflanzen lebt und eine große Anzahl Virosen (Bean common mosaic, Bean yellow mosaic, Beet mosaic, Beet yelows, Cabbage black ring spot, Celery mosaic, Dahlia mosaic, Onion yellow dwarf, Pea mosaic, Potato virusy Y, Shallot yellows, Soybean mosaic etc.) überträgt, wurde bisher 1961 und 1962 festgestellt und war sicher auch in den folgenden bis zur Gattung

Aphis B 205–324
zu bestimmenden Tieren präsent: 1959, 1960, 1961 und 1962.

Aphis corniella (H. R. L., 1935) = B 217
Comaphis corniella (HRL., 1935), het.-holozkl. (Hauptwirt: *Cornus alba*, selten *sanguinea*; Sommerwirt: *Epilobium angustifolium*), fand sich in den Sommerfängen 1962.

Aphis idaei V. D. G., 1912 B 227,

die Kleine Himbeerblattlaus, die monözisch-holozkl. auf *Rubus idaeus* lebt und hier durch Befall und Virusübertragung (unter anderem des grünen Himbeermosaik, des Gelbfleckenmosaik, des Streifenmosaik und der kräuseligen Verzwergung der Himbeere) schädlich werden kann, konnte 1962 durch die Saugfallen gefangen werden.
Darüber hinaus konnten auch Vertreter der Gattung

Aphis (Pergandeida) = *Pergandeida* SCHOUT., 1903   B 234–254
in unseren Fängen nachgewiesen werden.

c) 3. Subfamilie Anuraphidinae (MORDV.) CB.

Die Anuraphidinae, deren Arten meistens holozkl. leben, waren in den Flugexperimenten im Museumpark wie folgt vertreten:

Ceruraphis eriophori (WALK., 1848)   B 335,
eine an *Viburnum lantana* und *V. opulus* überwinternde und im Sommer an Gräsern (*Carex, Eriophorum, Luzula* etc.) holozkl. lebende Art, konnte bisher 1960 und 1961 festgestellt werden. Die Art wird im Frühjahr lästig an Schneeball. Das Auftreten von

Allocotaphis quaestionis CB., 1942   B 337
in unseren Herbstfängen 1960 und 1961, bisher als boreoalpine Art angesehen, von Ostpreußen und dem Alpenraume bekannt, dürfte darauf hindeuten, daß diese Art möglicherweise wenigstens zeitweilig passiv über unser Gebiet getragen wird oder hier Fuß gefaßt hat. Die Art lebt auf Apfelsorten het.-holozkl. Sommerwirte sind noch nicht bekannt.

Dysaphis (Pomaphis) sorbi (KLTB., 1843) =   B 338
Sappaphis sorbi (KLTB., 1843), die auf *Sorbus aucuparia, hybrida* im Winter und auf *Campanula*-Arten im Sommer holozkl. lebende Vogelbeerblattlaus, konnte 1961 in den Bonner Fängen nachgewiesen werden. Die Art verursacht Blattrollen und Blattverfärbung an der Vogelbeere.

Dysaphis (Pomaphis) plantaginea (PASS., 1860) =   B 342
Sappaphis mali (FERR., 1872), auf Apfelsorten im Winter und *Plantago*-Arten im Sommer holozkl. lebend, konnte 1960 und 1961 in den Fängen identifiziert werden. Die Art wird am Apfel sehr schädlich.

Dysaphis (Pomaphis) pyri (B.d.F., 1841) = (= piri CB. nec. MATS.)   B 344
wurde 1962 und vermutlich auch 1960 erbeutet. Die Art lebt het.-holozkl. auf Birnensorten als Hauptwirt und *Galium*-Arten als Nebenwirt und wird bei Massenbefall der Birne sehr schädlich. Nur bis zur Gattung

Dysaphis (Pomaphis) = *Sappaphis* MATS., 1918 von BÖRNER   B 338–346
zu bestimmende Tiere waren in den Fängen aller Jahre von 1959 bis 1962 anwesend.

Anuraphis farfarae (KOCH, 1854) D. GU., 1907   B 347,
die Taschengallenlaus der Birne, het.-holozkl. an Birnensorten und im Sommer am Wurzelstock von *Tussilago farfara*, selten an *Petasites*-Arten, wurde sowohl 1960 als auch 1961 in den Saugfallen gefangen. Die Art verursacht wie die vorhergehenden Blattrollerscheinungen an Birne und wird dadurch schädlich.

Anuraphis catonii HRL., 1935   B 349
wurde 1960 nachgewiesen. Hauptwirt dieser Art ist die Birne, von der sie im Frühjahr zu *Pimpinella saxifraga*, *P. magna* und *P. peregrina* etc. abwandert. Diese Pflanzen besiedelt die Art am Wurzelstock. Von Südtirol, Steiermark, Thüringen, Oderbruch gemeldet. Bis zur Gattung

Anuraphis D. GU., 1907   B 347–349
zu bestimmende Tiere waren anwesend in den Herbstfängen von 1960 und 1961.

Dysaphis? ranunculi = *Yezabura ranunculi* (KLTB., 1843)   B 365
lag vermutlich ebenfalls in Bonner Fängen vor. Bis zur Gattung

Dysaphis   B 350–369
zu bestimmende Tiere lagen 1960, 1961 und 1962 vor,

Dysaphis oder *Brachycaudus* spec.   B 350–373, 377, 379, 382, 384
1959, 1960 und 1961.

Brachycaudus klugkisti (CB., 1942)   B 372,
an *Melandryum rubrum* mon.-holozkl. lebend, von Belgien, England, Thüringen und der Steiermark bekannt, war die Art bei uns 1962 vertreten.
Im gleichen Jahr gelang der Nachweis von

Thuleaphis rumexicolens PATCH, 1917 =   B 373e*
Brachycaudus rumexicolens PATCH, 1917 für Bonn.

Brachycaudus cardui (L., 1758)   B 374,
die Große Pflaumenblattlaus, het.-holozkl. auf Pflaume und Zwetsche als Hauptwirt und Compositen (*Chrysanthemum*, *Matricaria*, *Achillea* etc.) und Boraginaceen als Sommerwirten lebend, wurde 1962 im Museumspark gefangen. Außer als Virusvektor (Bean yellow mosaic, Cabbage black ring spot, Cucumber mosaic und Onion yellow dwarf) verursacht die Art durch Blattrollen und Triebstauchungen schwere Schäden an ihren Hauptwirten.

Brachycaudus helichrysi (KLTB., 1843)   B 379,
die Kleine Pflaumenblattlaus, het.-holozkl. von *Prunus*-Arten auf Komposten (*Achillea*, *Artemisia*, *Aster* etc.) wirtswechselnd, oft schädlich durch Befall und Blattverformungen an Pflaumen und Virusübertragung (Cineraria mosaic, Cucumber mosaic etc.), konnte in den Fängen aller Jahre von 1959 bis 1962 nachgewiesen werden.

* Vol. I. 223.

d) 4. Subfamilie Myzinae (MORDV.) CB.

Die Myzinae waren in Bonn wie folgt vertreten:

Holcaphis holci (HARDY, 1850) HRL., 1939 =   B 387
Brachycolus holci HRL., 1939, auf *Holcus mollis, lanatus* etc. mon.-holozkl. lebend und von Nordwestdeutschland, Holland, England, Thüringen und Steiermark bezeugt, in den Sommerfängen 1962, desgl.:

Aspidaphis polygoni (WALK., 1848)   B 394
an *Polygonum avicolare* mon.-holozkl. vorkommend.

Hayhurstia atriplicis (L., 1767) D. GU., 1917   B 396
trat ebenfalls 1962 auf. Die Mehlige Meldenlaus lebt mon.-holozkl. an *Atriplex-*, *Chenopodium*-Arten, sporadisch auch an *Spinacia* und *Beta* in Faltengallen der Blätter und ist Vir.-Vect. (Bean common und Bean yellow mosaic, Beet mosaic, Pea mosaic, Onion yellow dwarf).

Brevicoryne brassicae (L., 1758) V. D. G., 1915   B 400
war 1959, 1961 und 1962 in den Fängen vertreten. Die Kohlblattlaus lebt mon.-holozkl. vorwiegend an Sinapinen (*Brassica, Sinapis, Rhaphanus* etc. und zahlreichen Unkräutern) und überträgt Pflanzenvirosen des Kohls, der Bohne, der Rübe, der Gurke, der Zwiebel etc. Bei Massenbefall im Kohlanbau ein gefährlicher Schädling sowohl an Krautpflanzen als auch an Samenträgern.

Lipaphis erysimi (KLTB., 1843) MORDV., 1928   B 403,
mon.-holozkl. an *Sisymbrium officinale*, *Capsella bursapastoris* etc., *Sinapis, Raphanus*, selten *Brassica*, unter Hervorrufen von Triebstauchungen und Blattkräuselungen lebend, wurde von den Saugfallen in Bonn 1959, 1961 und 1962 erfaßt. Vir.-Vect. (Beet yellows, Cucumber mosaic, Potato virus Y unter anderem).

Hyadaphis foeniculi (PASS., 1860)   B 419 und 420
Nach heutiger Auffassung stellt die Gruppe wahrscheinlich eine Kombination von BÖRNERS *H. mellifera* HOTTES, 1930, und *H. passerini* (D. GU., 1911) dar. *H. foeniculi* konnte in unseren Fängen 1959, 1960 (?), 1961 und 1962 nachgewiesen werden. Weitere nur bis zur Gattung

Hyadaphis KIRK., 1904   B 417–420
zu bestimmende Tiere lagen 1961 und 1962 vor.

Decorosiphon corynothrix CB., 1939   B 425,
aus Moos gesiebte Larven dieser Art aus Thüringen, dem Burgenland und Tambach bekannt. Ferner wird die seltene Art für Großbritannien bezeugt [17].

Longicaudus trirhodus (WALK., 1849) V. D. G., 1913   B 443,
auf *Rosa*-Arten als Hauptwirt und *Aquilegia*-Arten het.-holozkl. lebend, trafen wir diese Art in den Bonner Fängen 1960 und 1961 an.

Chaetosiphon fragaefoli GR.   B 449–450,
nach BÖRNER Genus *Passerinia fragaefoli* (COCK., 1901) und *P. potentillae* (WALK., 1850), mon.-holozkl. an *Fragaria*-Arten und *Potentilla* spec. lebend, 1961 für Bonn

nachgewiesen. *P. fragaefolii* wurde vielleicht von Nordamerika nach Europa eingeschleppt.
Bis zur Gattung

Chaetosiphon = *Passerinia*   B 449–450, 448
zu bestimmende Tiere sind von 1959 für Bonn bezeugt.

Elatobium abietinum (WALK., 1849) MORDV., 1914   B 452,
die Sitkafichtenlaus oder Fichtenröhrenlaus, konnte 1960 für Bonn nachgewiesen werden. Die Art lebt mon.-holozkl. oder als Virgo überwinternd an *Picea excelsa, sitchensis, pungens, alba, nigra* etc., Nadelabfall an ihren Wirtspflanzen verursachend. Außerordentliche Schäden an Sitkafichten wurden in England, Nordamerika und Neuseeland beobachtet.

Liosomaphis berberidis (KLTB., 1843) WALK., 1868   B 454,
die Gelbe Berberitzenlaus, mon.-holozkl. an *Berberis vulgaris, thumbergii* lebend, wurde durch die Saugfallen 1960 und 1962 für Bonn ermittelt. Die Art verursacht bei Massenbefall Triebstauchungen und Blattkrümmungen.

Cavariella theobaldii GILL. und BRAGG, 1918 =   B 456
C. umbellatarum (KOCH, 1854), die Bärenklaulaus, holarktisch, wurde 1961 und 1962 erbeutet. Die Art lebt auf *Salix*-Arten als Hauptwirt und *Heracleum*- und *Pastinaca*-Arten als Nebenwirten, wird lästig an Heil- und Gewürzpflanzen.

Cavariella aegopodii (SCOP., 1763)   B 457,
die Gierschblattlaus, ebenfalls holarktisch, von *Salix*-Arten (Hauptwirt) auf Umbelliferen unter anderem auch *Daucus carota, Carum carvi, Selinum carvifolium* (ihren Nebenwirten) migrierend und besonders an Karotten und Petersilie bei Massenbefall einer der gefährlichsten Schädlinge, wurde für Bonn 1959, 1961 und 1962 festgestellt. Die Art überträgt Rüben-, Sellerie-, Rettich-, Erbsen- und Karottenvirosen.

Cavariella archangelicae GR.   B 459,
nach HEINZE ebenfalls Überträger wichtiger Virosen (Cauliflower-, Beet-, Western celery mosaic), lebt an *Salix*- (Hauptwirt) und *Angelica*-Arten (Nebenwirte). Die Art konnte für Bonn aus den Fängen der Jahre 1961 und 1962 heraussortiert werden.
Ebenfalls 1961 und 1962 wurden erbeutet:

Cavariella konoi Takahashi   B (?) 459 in part
und 1962

Cavariella pastinacae (L., 1758)   B 460,
die an *Salix*-Arten (Hauptwirt) und *Heracleum* und *Pastinaca* (Nebenwirten) lebende Pastinaklaus, die an Dill und Petersilie erhebliche Schäden verursachen kann und das Strichel (Y) Virus der Kartoffel, das Blumenkohl- und Selleriemosaikvirus und nach HEINZE auch das Gurkenvirus zu übertragen vermag.
In allen Fangjahren von 1959 bis 1962 waren Tiere anwesend, die nur bis zur Gattung

Cavariella D. Gu., 1911   B 457–460
bestimmt werden konnten. Das gleiche gilt für die Gattung

Ovatus v. d. G., 1913   B 464–466.
1960 lag vermutlich:

Ovatus crataegarius (Walk., 1850)   B 465   vor.

Phorodon humuli (Schrk., 1801) Pass., 1860   B 474,
die Hopfenblattlaus, het.-holozkl., konnte ebenfalls in jedem der genannten Fangjahre für Bonn nachgewiesen werden. Die an *Prunus*-Arten (Hauptwirt) und *Humulus lupulus* und *japonicus* lebende Art kann besonders an Hopfen durch Massenbefall und Virusübertragung (Hop mosaic, Hop split leaf blotch, Cucumber mosaic, Cabbage black ring spot und Tomato aspermy etc.) sehr schädlich werden.

Rhopalomyzus lonicerae (Sieb., 1839)   B 476,
het.-holozkl. an *Lonicera*- und *Phalaris*-Arten, lag vermutlich 1960 vor.
Die von Nordamerika und in Europa bisher nur aus den Niederlanden (H. R. L. 1947 [21]) und England bezeugte Art:

Rhopalomyzus poae (Gill., 1908)   B 477 a
konnte in den Sommerfängen 1962 nachgewiesen werden, nachdem sie 1960 vermutlich schon einmal vorlag. Die Art ist möglicherweise anholozyklisch, da Überwinterung am Gras festgestellt wurde. Nur bis zur Gattung

Rhopalomyzus Mordv., 1921   B 476–477
zu bestimmende Tiere lagen 1960, 1961 und 1962 vor.

Myzus ascalonicus Doncaster, 1946   B 478,
die bereits in Gelbschalenfängen von Moericke für Bonn nachgewiesene Zwiebellaus, konnte 1960 und 1961 auch in unseren Saugfallen gefangen werden. Die Art lebt anholozyklisch unter Glas, in Wohnungen und Kellern besonders an Zwiebeln aber auch an einer Reihe anderer *Allium*-Arten etc. und kann durch Massenbefall und Virusübertragung (Beet mosaic, Beet yellows, Cauliflower mosaic, Cucumber mosaic, Onion yellow dwarf) sehr schädlich werden.

Myzus ligustri (Mosl., 1841)   B 480,
die Ligusterblattlaus, das ganze Jahr über auf *Ligustrum vulgare* lebend und diese Pflanze bei Befall merklich schädigend, konnte in den Sommerfängen 1962 nachgewiesen werden. Vir.-Vekt. (Cucumber- und Dahlia mosaic).

Myzus certus (Walk., 1849)   B 484,
die virusübertragende Braune Stiefmütterchenlaus, lag vermutlich in den Fängen 1961 vor.

Myzus persicae (Sulz., 1776) Mordv., 1921   B 485,
die Grüne Pfirsichlaus, konnte dagegen 1959, 1960, 1961 und 1962 in unseren Saugfallen erbeutet werden. Die Art lebt auf *Prunus persicae*, dem Pfirsich (Hauptwirt), und einer sehr großen Anzahl von Nebenwirtspflanzen (Cruciferen, Malven, Solanaceen, Boraginaceen und Kompositen, die hier im einzelnen ebensowenig

genannt werden können wie die außerordentliche Zahl der Pflanzenvirosen, die sie in der Lage ist, zu übertragen (Potato leaf roll, -leaf rolling mosaic, -spindle tuber, -virus A, -virus C^n, -virus Y, Bean common mosaic, Beet mosaic, Beet yellows, Cabbage black ring spot, Carnation mosaic, Celery mosaic, Pea mosaic etc.), insgesamt 85 Virosen. Sie gilt in der Landwirtschaft daher als eines der gefährlichsten Schadinsekten des Ackerbaues, insbesondere im Kartoffel- und Rübenanbau, im Zierpflanzenbau und in Gewächshäusern.

Tubaphis ranunculina (WALK., 1852)   B 487,
mon.-holozkl. an *Ranunculus* (*acer* und *repens*) lebend, trat in unseren Fängen 1960, 1961 und 1962 (?) auf.

Myzus cerasi (F., 1775) PASS., 1860   B 489,
die Schwarze Sauerkirschenlaus, lebt het.-holozkl. im Winter an der Sauer- und Zwergkirsche (*Prunus cerasus fructicosa*, ihrem Hauptwirt), wo sie durch Befall schädlich werden kann, und im Sommer an *Galium-* und *Veronica*-Arten (ihren Nebenwirten). Sie überträgt nach HEINZE auch die Welke- und Verfallskrankheit der Kirschen (Wilt and decline disease of cherries), nach KENNEDY, DAY und EASTOP auch das Bean yellow –, das Celery- und Narcissus-mosaic sowie das Onion yellow dwarf. Die Art kam ziemlich regelmäßig in den Fängen 1959, 1960, 1961 und 1962 vor.
Das gleiche gilt für die Weichselkirschenlaus:

Myzus lythri (SCHRK., 1801)   B 492,
die het.-holozkl. an *Prunus mahaleb* etc. als ihrem Hauptwirt lebt und hier Blattrollungen und Triebstauchungen hervorruft. Ihre Virginogenien leben an *Lythrum-* und *Epilobium-* und *Fuchsia*-Arten.

Myzus ornatus LAING, 1932   B 493,
die Gepunktete Gewächshauslaus, konnte bisher 1960, 1961 und 1962 gefangen werden. Die Art lebt anholozyklisch und sehr polyphag bevorzugt an Labiaten und Umbelliferen. In Gewächshäusern verursacht sie Schäden an Primeln, Coleus und Anemonen etc., jedoch sind schwerwiegender die Ausfälle, die sie durch Virusübertragung des Blumenkohl-, Rettich-, Soja-, Gurken-, Dahlien- und des Primelmosaiks sowie des Strichelvirus und des Blattrollvirus der Kartoffel verursacht. Nur bis zur Gattung

Myzus (incl. *Myzodes*) MORDV., 1914   B 481–492
zu bestimmende Tiere lagen 1960 und 1961 vor.
Angehörige der Gattung

Muscaphis CB., 1933   B 496–496a
konnten 1962 festgestellt werden.
Von besonderem Interesse ist der Nachweis der Heckenkirschenlaus

Xenomyzus = *Acanthulipes carpathica* (CB. i. l.)   B 498   KNECHT und MANOL., 1942, in den Sommerfängen 1962 für Bonn. Die Art lebt auf *Xylosteum* (*Lonicera*) *vulgare* und ist bisher nur in Höhenlagen der Karpathen und der Ostalpen beobachtet worden. Ihre Generationsfolge ist noch nicht geklärt.

Regelmäßig und durch mehrere Vertreter war auch die Gattung

Capitophorus v. d. G., 1913   B 501–507
1960 vorhanden.
In allen Fangjahren 1959–1962 konnten die folgenden drei Arten festgestellt werden:

Capitophorus hippophaes (WALK., 1852) v. d. G., 1913   B 500,
het.-holozkl. am Hauptwirt: *Hippophae (rhamnoides)*, dem Sanddorn, und am Nebenwirt: *Polygonum*-Arten lebend,

Capitophorus elaeagni DE Gu., 1894   = B 501
C. braggi (GILL., 1908) v. d. G., 1913,
het.-holozkl. an *Elaeagnus*- und *Hippophae*-Arten (Hauptwirt) und *Cirsium arvense* und *Carduum* spec. (Nebenwirte) vorkommend, ferner

Capitophorus similis GR. = *C. elaeagni* (DE Gu., 1894) CB.   B 502
und *C. inulae* (PASS., 1860)   B 504
auf *Elaeagnus* verbreitet. *C. inulae* ist im Mittelmeergebiet häufig, wurde aber auch von England vom *Elaeagnus* und kultivierter *Inula* bezeugt (HEINZE und schriftliche Mitteilung EASTOP).
Bis zur Gruppe

Capitophorus carduinus/elaeagni   B 501, 505
konnten Tiere aus den Fängen von 1959 identifiziert werden. Die Arten können an Artischocken schädlich werden.
Vertreter der Gattung

Cryptomyzus   B 508–513
lagen 1960 und 1961 vor.

Cryptomyzus galeopsidis = *Mycella galeopsidis* (KLTB., 1843)   B 508,
an *Ribes rubrum* und *R. nigrum (grossularia)* (Hauptwirt) und *Galeopsis*- und *Lamium*-Arten etc. (Nebenwirte) het.-holozkl. lebend, konnte 1960, 1961 und 1962 in den Saugfallen erbeutet werden.

Cryptomyzus ribis (L., 1758) OESTL., 1922   B 511,
an ihrem Hauptwirt, der Johannisbeere *(Ribes rubrum)*, gelblichrote Blattblasen (Johannisbeerblasenlaus) hervorrufend, und dadurch später beachtliche Zuwachsverluste verursachend, konnte 1959, 1960 und 1961 gefangen werden. Nebenwirte dieser het.-holozkl. Art sind *Stachys*- und *Lamium*-Arten.
Die Art überträgt einige Virosen (das Cauliflower-, Cucumber-, Dahlia mosaic und das Onion yellow dwarf).

Cryptomyzus korschelti CB., 1938   B 512,
die Blasenlaus der Alpenjohannisbeere (Hauptwirt: *Ribes alpinum*), wurde 1959, 1960, 1961 für Bonn nachgewiesen. Die Art lebt het.-holozkl. im Sommer als Virginogenien auf *Stachys silvatica* und *Lamium amplexicaule*. Auf ihrem Hauptwirt verursachen ihre Gallen Wertminderung der Sträucher in Pflanzungen und Anlagen.

Von besonderem Interesse ist der Nachweis von

Anthracosiphon hertae H. R. L., 1947   B 516

in den Sommerfängen 1962 für Bonn. Es ist, wie Dr. V. F. Eastop uns mitteilte, der 4. oder 5. Nachweis dieser Art überhaupt. 1933 wurde *A. hertae* (1 Tier) durch M. Davies in North Wales [22], ein anderes Tier am 19. 8. 1963 durch R. Dunne in Irland gefangen. 1943 wurde die Art an *Potentilla anserina* in Holland gefunden, dort beschrieben aber danach nicht mehr wiedergesehen. Es ist möglich, daß ein weiterer Nachweis von Europa vorliegt. Mündlicher Mitteilung zufolge fand Heinze die Art auch in der Rhön (unveröffentlicht).
Im gleichen Jahre 1962 konnte auch

Impatientinum balsamines (Kltb., 1862) Mordv., 1929   B 517,

mon.-holozkl. an *Impatiens nolitangere* lebend und in England, Holland, Nordwestdeutschland, Thüringen und Steiermark nachgewiesen, gefangen werden.

Nasonovia ribisnigri (Mosl., 1841) H. R. L., 1947   B 519,

die Salatlaus, het.-holozkl. an *Ribes*-Arten *(rubrum, alpinum, grossularia)* (Hauptwirt) und *Lampsana, Cichorium, Lactuca* etc. (Nebenwirte) oder bei entsprechendem Klima auch virginogen an den Nebenwirten überwinternd, konnte in unseren Fällen 1960, 1961 und 1962 gefangen werden. Die Art wird oft an Salat lästig und überträgt eine Reihe von Virosen (Lettuce mosaic disease, Gooseberry veinbanding, Cauliflower mosaic, Cucumber mosaic etc.). Nur bis zur Gattung

Nasonovia Mordv., 1914   B 519–521

zu identifizieren waren Tiere aus Fängen von 1960 und 1961.
Sehr häufig und verhältnismäßig zahlreich wurde 1959, 1960, 1961 und 1962 in den Fallen:

Hyperomyzus lactucae (L., 1758) CB., 1933   B 525,

die Gänsedistellaus, gefangen. Die Art lebt het.-holozkl. an *Ribes nigrum* (Hauptwirt) und virginogen an *Lactuca oleracea* L. etc. (Nebenwirte), daselbst auch in milden Wintern überwinternd. Die Art verursacht frühzeitiges Abwelken der Blätter ihres Hauptwirtes und ist Virusvektor unter anderem für das Cauliflower-, Bean yellow-, Beet-, Lettuce- und das Potato aucuba mosaic.

Hyperomyzus pallidus H. R. L., 1935   B 526,

het.-holozkl. an *Ribes grossularia*, ihrem Hauptwirt, ähnliche Schäden bewirkend und an *Sonchus*-Arten, ihren Nebenwirten, lebend, und

Hyperomyzus (Neonasonovia) picridis CB., 1916   B 528,

het.-holozkl. an *Ribes alpinum* (Hauptwirt) und *Picris hieracioides* (Nebenwirt), daselbst auch in mildem Klima überwinternd, konnten bisher für Bonn nur in den Herbstfängen 1961 nachgewiesen werden.

Hyperomyzus pallidus/lampsanae CB., 1932 (?)   B 526–527   lag 1960 vor.
Nur bis zur Gattung

Hyperomyzus/Neonasonovia spp.   B 528 und 532

zu identifizierende Tiere konnten dagegen 1959, 1960, 1961 und 1962 in unseren Halbstundenfängen festgestellt werden.

Rhopalosiphoninus staphyleae =   B 535–537
Myzotoxoptera staphyleae (KOCH, 1854). Vertreter dieser Aphidengruppe. die das Beet mosaic, Cauliflower-, Cucumber mosaic und das Potato virus Y etc. überträgt, wurden 1961 und 1962 für Bonn festgestellt.

Rhopalosiphoninus latysiphon (DAVIDS., 1912)   B 540,
die anholozkl. an Kartoffelkeimen lebende Kellerlaus, konnte 1960 und 1961 mit Hilfe der Fallen erbeutet werden. Die Art schädigt durch Massenbefall an Kartoffelkeimen [23] und überträgt nach neueren Untersuchungen das Cucumber mosaic.

e) 5. Subfamilie Dactynotinae CB.

Diese Subfamilie war wie folgt in Bonn vertreten:

Microlophium evansi (THEOB., 1923) HRL., 1949   B 542,
mon.-holozkl. an *Urtica dioica urens* lebend, konnte 1960 und 1962 in unseren Fängen festgestellt werden; nur bis zur Gattung

Microlophium MORDV., 1914   B 541–542
zu bestimmende Tiere 1959, 1960, 1961.

Aulacorthum solani (KLTB., 1843)   B 544–548,
die Gefleckte Kartoffellaus, wurde in unseren Fängen 1960, 1961 und 1962 festgestellt. Sie ist Virusüberträgerin für eine ganze Reihe wichtiger Pflanzenvirosen der Kartoffel, Rübe, Zuckerrübe, Bohne, des Kohles, der Erbsen, des Selleries, des Tabaks und vieler Zierpflanzen.

Aulacorthum palustre (HRL., 1947)   B 552,
auf *Leontodon* und *Taraxacum* vermutlich mon.-holozkl. lebend, bisher nur von Holland, Berlin und England bekannt, konnte mit Hilfe der Fallen auch in Bonn 1962 festgestellt werden.

Aulacorthum speyeri (CB., 1939)   B 555,
die Maiglöckchenlaus, an *Convallaria majalis* sehr schädlich werdend, auch an *Polygonatum*-Arten etc. mon.-holozkl. lebend, wurde für Bonn 1962 bezeugt.
Bis zur Gattung

Aulacorthum spec.   B 544–553
zu bestimmende Tiere lagen 1960 und 1962 vor. Gattungsangehörige von

Acyrthosiphon/Metopolophium   B 557–587   waren 1962 vertreten.

Acyrthosiphon primulae (THEOB., 1913) =   B 543
Dysaulacorthum primulae THEOB., 1913, von *Primula kewensis, sinensis,* aus England, Japan und in Mitteleuropa bisher nur aus Bern (Botanischer Garten) bezeugt, wurde 1962 in Bonn in unseren Fängen festgestellt.

Acyrthosiphon pisum = *onobrychis* (B. D. F., 1841)   B 560,
die Grüne Erbsenlaus, pleophag an krautigen Leguminosen, bevorzugt an

Onobrychis, Medicago, Lotus, Melilotus, Lathyrus, Vicia, Pisum, seltener an *Phaseolus* und *Trifolium* etc. lebend, konnte für Bonn 1961 und 1962 festgestellt werden. Mon.-holozkl. (im warmen Klima vielleicht auch anholozkl.) vorkommend, verursacht die Art erhebliche Schäden durch Befall und Virusübertragung an Erbsen, Luzerne, Wicken etc. (Bean common mosaic, Bean yellow-, Beet-, Cauliflower-, Celery-, Cucumber-, Lucerne-, Pea enation-, Pea-, Soybean mosaic und das Potato virus Y unter anderem).

Acyrthosiphon sp. caraganae GR.   B 573–574
konnte für Bonn durch die Fänge von 1959 und 1962 bestätigt werden.

Metopolophium dirhodum (WALK., 1849) MORDV., 1914   B 580,
die Bleiche Getreidelaus, zwischen *Rosa*-Arten (Garten- und Wildrosen) als Hauptwirt und zahlreichen Gräsern (als Nebenwirten) wirtswechselnd, konnte 1960, 1961 und 1962 für Bonn festgestellt werden. Die Art kann durch Befall an Grasarten (Schottland), Mais (Italien) und Getreide und durch Virusübertragung (Nordamerika: Cereal or Barley yellow dwarf virus) schädlich werden.

Metopolophium albidum HRL., 1947   B 582,
mon.-holozkl. an *Arrhenaterum (elatius)* und auch anderen Gräsern lebend, bisher aus England, Holland, Nordwestdeutschland, Thüringen gemeldet, kann die Art durch unsere Fänge auch für Bonn im Sommer 1962 bezeugt werden.

Metopolophium festucae (THEOB., 1917) HRL., 1947   B 583,
die zeitweise an Weizen, Gerste und Hafer sowie an Gräsern (*Festuca, Poa* etc.) massenhaft und dann schädlich auftretende Graslaus, wurde in unseren Fallen 1960 und 1961 erbeutet. Mon.-holozkl., Überwinterung auch in der Sommerform.

Metopolophium tenerum HRL., 1947 =   B 584
M. graminum (THEOB., 1913) CB., mon.-holozkl. von Gräsern aus England, Holland, Nordwestdeutschland, Rhön und Steiermark gemeldet, wurde 1962 gefangen. Auch für die folgende Art konnten wir 1961 durch unsere Fänge Nachweis erbringen:

Metopolophium frisicum HRL., 1947   B 585,
mon.-holozkl. an *Poa* lebend, bisher in Europa aus Holland, England und Erlangen und aus Nordamerika bezeugt. Nur bis zur Gattung

Metopolophium (MORDV., 1914 ut subgen)   B 580–582
zu identifizierende Tiere lagen 1960 (?), 1961 und 1962 vor.

Linosiphon galiophagus (WIMSH., 1923)   B 589,
mon.-holozkl. an *Galium*-Arten aus England, Holland, Thüringen und den Ostalpen bezeugt, wurde 1962 gefangen.

Corylobium avellanae (SCHRK., 1801) MORDV., 1914   B 590,
die mon.-holozkl. an *Corylus avellana, tubulosa*, lebende Haselnußlaus, konnte in den Herbstfängen 1960 und 1961 nachgewiesen werden.

Macrosiphum rosae (L., 1758) PASS., 1860   B 593,
die Große Rosenblattlaus, 1961 und 1962 in unseren Fängen, lebt in der Haupt-

sache auf kultivierten und wilden Rosenarten het.-holozkl., im Sommer fakultativ zu Dipsaceen und Vallerianaceen migrierend, überträgt eine Reihe von Pflanzenvirosen (unter anderem das Bean yellow-, Cauliflower-, Celery-, Cucumber-, Narcissus- und das Pea mosaic).

Macrosiphum euphorbiae (THOMAS 1878) =   B 606
Macrosiphum solanifolii (ASHM., 1882). Die in Deutschland anholozkl. und sehr polyhag lebende Gestreifte Kartoffellaus ist eine der wichtigsten Virusüberträger zahlreicher Ackerpflanzen (so des Bean common –, Bean yellow –, Cauliflower –, Cucumber –, Lettuce –, Lucerne – und Pea mosaic, des Beet yellows, Cabbage black ring spot, des Potato leaf roll, Potato leaf rolling mosaic, Potato spindle tuber, Potato virus A, Potato virus Y und zahlreicher Zierpflanzenvirosen). Wir fingen die Art 1959, 1961 und 1962. Weitere nur bis zur Gattung

Macrosiphum PASS., 1860   B 595–607
zu bestimmende Tiere lagen 1962 vor.

Sitobium fragariae (WALK.) HRL., 1949   B 609,
auf *Rosa*, *Rubus* und *Fragaria* (Gartenform) als Hauptwirt und als Virginogenien an zahlreichen Gräsern, konnte die Art 1960, 1961 und 1962 nachgewiesen werden. Das gleiche gilt für:

Sitobium avenae (F., 1775) HRL., 1939 =   B 610
S. granarium (KIRBY, 1798) MORDV., 1914, die Getreidelaus, holozkl. und pleophag vorwiegend an Gräsern, darunter auch Getreide vorkommend, verursacht hier direkten Schaden durch Befall und indirekten durch Virusübertragung (Barley yellow dwarf).

Pleotrichophorus glandulosus (KLTB., 1846) CB., 1930   B 613,
mon.-holozkl. an *Artemisia vulgaris*, lag vermutlich 1962 vor, desgleichen nur bis zur Gattung

Pleotrichophorus CB., 1930   B 613–615a   zu bestimmende Tiere.

Macrosiphoniella (Phalangomyzus) chamomillae HRL., 1947 =   B 620
Paczoskia chamomillae (HRL., 1947),
bisher von Holland und Frankreich bekannt, konnte 1962 in unseren Fängen nachgewiesen werden. Die Art lebt vermutlich mon.-holozkl. an *Chrysanthemum (Matricaria) chamomilla*.

Macrosiphoniella (Phalangomyzus) oblonga (MORDV., 1901)   B 624
wurde ebenfalls 1962 gefangen. Die Art lebt in der Hauptsache an *Artemisia vulgaris*, seltener an *Chrysanthemum indicum* mon.-holozkl. und ist verbreiteter als die vorhergehende Art. Nur bis zur Gattung

Macrosiphoniella (Phalangomyzus) = *Paczoskia* MORDV., 1914   B 620–625
zu bestimmende Tiere lagen 1961 und 1962 vor,
bis zur Gattung

Dactynotus Rafinesque, 1818   B 647–662
zu identifizierende Geflügelte 1960, 1961 und 1962.

Dactynotus picridis (F., 1775)   B 662,
auf *Picris hieracioides* mon.-holozkl. lebend, war in unseren Sommerfängen 1962 vertreten.

Dactynotus taraxaci (KLTB., 1843)   B 669,
mon.-holozkl. auf *Taraxacum officinale, koksaghyz*, verbreitet in England, Holland, Belgien, Nord- und Nordwestdeutschland und seltener in Thüringen, wurde 1961 und 1962 für Bonn nachgewiesen. Die Art überträgt das Onion yellow dwarf.

Von besonderem Interesse ist der Fang von

Dactynotus erigeronensis (THOMAS, 1878),
einer nordamerikanischen Art, die an *Erigeron canadensis* lebt, 1962 in unseren Sommerfängen am 31. 7. und 2. 8. 1962. In Europa wurde *D. erigeronensis* für 1962 und 1963 durch SZELEGIEWIECZ [24] für Polen bezeugt, nachdem sie bereits im Juni 1960 in Holland durch Hille Ris Lambers gefunden aber nicht veröffentlicht worden war. Unser Nachweis für Bonn bildet neben einem anderen aus Berlin (mdl. Mitteilung von HEINZE) ein befriedigendes Band zwischen diesen Fundorten.

Amphorophora rubi =   B 689
Nectarosiphon rubi (KLTB., 1843) CB., 1939, die Große Brombeerlaus, lag vermutlich in den Herbstfängen 1960 vor. Die Art lebt mon.-holozkl. an *Rubus caesius* und großwüchsigen *Rubus*-Arten. Bis zur Gattung

Amphorophora BCKT., 1876   B 688–691
ließen sich Tiere der Herbstfänge 1961 bestimmen.

Megoura viciae BCKT., 1876   B 697,
die Wickenlaus, mon.-holozkl. an *Lathyrus* und *Vicia*-Arten, konnte 1962 gefangen werden. Die Art wird zuweilen schädlich an Futterwicken und überträgt wichtige Virosen (das Bean common mosaic, Beet mosaic, das Cabbage black ring spot, Cauliflower –, Cucumber mosaic, Pea leaf roll und das Pea mosaic).

XI. Die Vertreter der 5. Familie der THELAXIDAE CB., die Maskenläuse

a) 1. Subfamilie Anoeciinae (MORDV.) TULLGR.

Die an Cornus und Gramineen und Cyperaceen lebenden Anoeciinae wurden durch die Gattung

Anoecia = *Neanoecia* CB., 1950 und KOCH, 1856   B 704–714
regelmäßig und oft recht zahlreich in den Saugfallenfängen 1959, 1960, 1961 und 1962 nachgewiesen.

b) 2. Subfamilie Thelaxinae CB.

Die weiteren Vertreter dieser Familie gehörten den Thelaxinae an.

Glyphina betulae (KLTB., 1843) KOCH, 1856   B 715,
an *Betula verrucosa* und *alba* mon.-holozkl. oft im Massenauftreten vorkommend, lag vermutlich 1962 vor.
Ebenfalls für 1962 bezeugt wurde:

Thelaxes dryophila (SCHRK., 1801)   B 717,
die Eichenmaskenlaus, die an *Quercus robus, sessilis, lanuginosa* mon.-holozkl. lebt und hier Massenbefall verursachen kann. Nur bis zur Gattung zu bestimmende Tiere

Thelaxes WESTW., 1840   B 717–718
enthielten unsere Fänge von 1960.

XII. Die Vertreter der 6. Familie der PEMPHIGIDAE (Pass.) CB., die Blasenläuse

a) 1. Subfamilie Schizoneurinae (HS. in Koch) Mordv.

Die heimischen Schizoneurinae leben holozyklisch. Ihre Fundatrix und Nachkommen erzeugen an den Blättern der Ulme Gallen. Dies trifft zu für:

Eriosoma ulmi = Schizoneura ulmi (L., 1758) Htg., 1837   B 730,
die Ulmenblattlaus, die sich in unseren Saugfallen 1960, 1961 und 1962 einfand. Die Art lebt het.-holozkl. in Rollgallen der Blätter von *Ulmus montana* und *campestris*, ihren Hauptwirten, und als Virginogenien vorwiegend an den Wurzeln von *Ribes grossularia, rubrum, nigrum, alpinum*.

Eriosoma patchae = Schizoneura patchae Börn. und Blunck, 1916   B 731
erzeugt an den gleichen Hauptwirten Blattrollgallen. Auch diese Art fingen wir 1960, 1961 und 1962. Bis zur Gattung

Eriosoma Leach, 1818 = *Schizoneura* Htg., 1837   B 730–734
konnten Tiere aus den Fängen der Jahre 1959 und 1961 identifiziert werden.

Colopha compressa (Koch, 1856)   B 735,
ebenfalls an Ulmenarten Blattgallen erzeugend, lag in unseren Fängen im Herbst 1960 und 1961 vor. *C. compressa* lebt het.-holozkl.

Kaltenbachiella pallida (Hal., 1838)   B 736,
het.-holozkl. auf *Ulmus campestris* und *scabra (montana)*, ihren Hauptwirten, Blattgallen erzeugend und als Virginogenien an den Wurzeln von Labiaten (*Mentha, Thymus, Stachys* etc.) vorkommend, lag in den Herbstfängen 1961 vor.

Tetraneura ulmi = Byrsocrypta ulmi (L., 1758) Hal., 1838   B 737,
die Rüsternblasenlaus, konnte für unsere Bonner Fangorte 1960, 1961, 1962 nachgewiesen werden. Die Art erzeugt bohnenförmig gestielte, geschlossene Gallen auf *Ulmus campestris* und *scabra (montana)*, ihren Hauptwirten und bildet Virginogenien an den Wurzeln von Gräsern (*Bromus-* und *Hordeum-*Arten). Nur bis zur Gattung

Tetraneura = Byrsocrypta Hal., 1838   B 737–? 738
zu identifizierende Tiere lagen 1959, 1961 und 1962 vor.

b) 2. Subfamilie Pemphiginae (Lichtst.) Mordv.

Die Pemphiginae sind holozyklische Arten, die auf Blättern und Jungtrieben verschiedener Laubhölzer Gallen erzeugen:

Vertreter der Gattung

Stagona KOCH, 1856   B 751–752

konnten 1961, Angehörige der Gattungen

Prociphilus KOCH/*Stagona*   B 751–755

1959, 1960 und 1961 nachgewiesen werden.

Thecabius affinis (KLTB., 1843)   B 756,

het.-holozkl. an *Populus nigra* (selten *italica*), ihrem Hauptwirt, falten- und taschenartige Mißbildungen an den Blättern hervorrufend, konnte in den Herbstfängen 1961 nachgewiesen werden. Die Art lebt virginogen im Sommer an Stengelgrund und Ausläufern von *Ranunculus*-Arten *(repens, flammula, sceleratus)*.
In den Fängen von 1960 lagen vermutlich Angehörige der Gattung

Parathecabius CB., 1950   B 757, 773, 774

vor, seltene, z. T. für Mitteleuropa noch nicht nachgewiesene Arten.
Angehörige der Gattung

Pemphigus HTG., 1837   B 760–772,

die vorwiegend an Pappelarten *(Populus nigra, italica)* vorkommen, wurden 1959, 1960, 1961 und 1962 festgestellt.

Pemphigus bursarius (L., 1758)   B 762,

die Salatwurzellaus, het.-holozkl. von *Populus italica* und *nigra* als Hauptwirt auf Wurzeln von *Lampsana, Lactuca, Cichorium* etc. im Sommer abwandernd, lag vermutlich 1962 vor.

Pemphigus filaginis = *P. populi nigrae* (SCHRK., 1801)   B 765,

het.-holozkl. an *Populus nigra, italica*, ihren Hauptwirten, Blattrippengallen erzeugend und virginogen an *Gnaphalium*- und *Filago*-Arten lebend, fingen wir 1960.

Mimeura ulmiphila (D. GU., 1917)   B 776

Nachdem diese interessante Art bisher in Italien, Südfrankreich, England, Mitteldeutschland, Polen und der Ukraine gefunden werden konnte, ist der Nachweis für das Rheinland durch unsere Herbstfänge 1960, 1961 eine wertvolle Ergänzung ihres bisher bekannten Verbreitungsgebietes. Nur virginogene Generationen an den Wurzeln von *Ulmus campestris* sind von dieser Art bekannt.

c) 3. Subfamilie Fordinae

Zu den Fordinae, deren heimische Vertreter anholozyklisch vorwiegend an den Wurzeln und Gräsern oder dikotylen Pflanzen leben, gehören Angehörige der Gattung

Aploneura PASS., 1863   B 791–792,

die in den Herbstfängen 1961 vertreten waren.

XIII. Die Vertreter der 7. Familie der ADELGIDAE (HS. in Koch) CB., die Tannengalläuse

a) 2. Subfamilie Adelginae CB.

Die ausschließlich von Nadelhölzern (Abietaceen) bekannten, **oviparen** Tannengalläuse, die ananasähnliche Gallen auf ihren Hauptwirten erzeugen, waren an unseren Bonner Fangorten bisher nur 1961 als Vertreter der

Adelginae CB.   B 802–815
nachweisbar.

XIV. Die Vertreter der 8. Familie der PHYLLOXERIDAE HS. in Koch, die Zwergläuse

a) 2. Subfamilie Phylloxerinae CB.

Die ebenfalls **oviparen** Zwergläuse konnten als Angehörige der

Phylloxerinae CB.   B 819–831

identifiziert werden, deren Vertreter auf *Quercus*-Arten und vor allem an Weinsorten leben und zu den im Weinbau gefürchteten Rebläusen zählen. Zwergläuse ließen sich in den Herbstfängen 1959, 1960 (?) und 1961, sowie in den Sommerfängen 1962 für Bonn nachweisen.

XV. Zusammenfassung

Die Bedeutung geflügelter Stadien für den jahreszeitlichen Generationsablauf und den Wirtswechsel der Blattläuse wird herausgestellt und die Notwendigkeit erörtert, gerade diesen Stadien systematische Untersuchungen zu widmen, da sie, durch das milde Klima im Rheinland begünstigt, durch Massenvermehrung und Virusübertragung hohe Ertragsverluste verursachen können und damit eine stete Gefahr für unsere Kulturpflanzen bedeuten.

Zum Studium der Massenflüge der Blattläuse und ihrer Wetterabhängigkeit wurden seit 1959 in Bonn die in England entwickelten Suction Traps (Saugfallen) eingesetzt, die eine quantitativ exakte Analyse der Blattlauszahlen in der Luft für jede halbe Stunde kontinuierlich über Wochen fortlaufend ermöglichen.

Zur Erfassung der Herbstmigration der Blattläuse wurden an zwei verschiedenen Standorten im Parkgelände des Museums Alexander Koenig in Bonn jeweils im Oktober 1959, 1960 und 1961 und zur Erforschung der Sommerflüge im Juli und August 1962 mit jeweils zwei englischen Saugfallen mehrwöchige Flugexperimente durchgeführt.

Der Forschungsbericht des Landes Nordrhein-Westfalen Nr. 1649 gibt einen Überblick über den Verlauf der Herbstflüge 1961 und die an der Migration beteiligten einzelnen Arten, soweit sie von **einer** Saugfalle erfaßt werden konnten. Der vorliegende Bericht fußt auf der systematischen Auswertung der Herbst- und Sommerfänge beider Saugfallen von 1960, 1961 und 1962 und eines Teiles von 1959, einer Gesamtzahl von ca. 55 000 Blattläusen.

Insgesamt konnten bisher mehr als 100 Gattungen und 137 Blattlausarten identifiziert werden, für die nunmehr über Wochen hin kontinuierlich fortlaufend der Verlauf von Flugzeit und Flughäufigkeit bis auf eine halbe Stunde genau zu bestimmen ist und dabei sowohl die Verteilung der Geschlechter wie der Saisonformen berücksichtigt werden können.

Über charakteristische Tagesfänge der genannten Fangperioden und die Massierung des Flugs einer Reihe von Arten während bestimmter Tagesstunden sowie die nächtliche Flugaktivität von Forstaphiden (*Drepannosiphon platanoidis*) geben einige Tabellen Aufschluß. Eine exakte Analyse dieser Beobachtungen wird andernorts gegeben.

Wegen der Fülle des Materiales kann an dieser Stelle auch weder auf die saison- und standortbedingten Unterschiede der Fänge noch auf die biophysikalische Problemstellung eingegangen werden.

Erwartungsgemäß waren unter den 8 Blattlausfamilien die APHIDIDAE am stärksten, und zwar mit 90 Arten vertreten, die CALLAPHIDIDAE mit 20 Arten, die CHAETOPHORIDAE und PEMPHIGIDAE mit je etwa 10 Arten während die LACHNIDAE, THELAXIDAE, ADELGIDAE und PHYLLOXERIDAE nur mit einzelnen Species beziehungsweise nur mit bis zur Gattung bestimmbaren Tieren nachgewiesen werden konnten.

In den Herbstfängen erwiesen sich die **holozyklischen** Arten in der Regel als typische Herbstmigranten mit anteiligen **Sexuales,** während es sich bei den Sommerfängen im wesentlichen um **Virginogenien** gehandelt hat.

Die als **anholozyklisch** bekannten Gattungen und Arten waren in den Bonner Fängen wie folgt vertreten: *Protrama* spec., *Tuberolachnus salignus, Rhopalomyzus poae, Myzus ascalonicus, M. ornatus, Rhopalosiphoninus latysiphon, Macrosiphum solanifolii* und *Aploneura* spec.; mit noch **ungeklärter Generationsfolge:** *Rhopalosiphum maidis, Decorosiphon corynothrix, Muscaphis* spec., *Acanthulipes carpathica, Anthracosiphon hertae, Acyrthosiphon primulae* und *Parathecabius* spec.

Eine große Zahl **seltener Arten** wurde erstmalig für Bonn und das Rheinland beziehungsweise für Deutschland und Mitteleuropa nachgewiesen: *Periphyllus hirticornis* (bisher Niederlande, England), *Rhopalosiphum maidis* (bisher Mittelmeergebiet, Rumänien, Niederlande, Frankreich), *Allocotaphis quaestionis* (bisher Ostpreußen, Alpenraum), *Decorosiphon corynothrix* (aus Moos gesiebt, Thüringen, Burgenland, Tambach), *Rhopalomyzus poae* (bisher Nordamerika, Niederlande, England), *Muscaphis* (aus Moosen bezeugt, Niederlande, Thüringen, Steiermark), *Acanthulipes carpathica* (bisher nur aus Höhenlagen, Karpathen, Ostalpen), *Capitophorus inulae* (Mittelmeergebiet, England), *Anthracosiphon hertae* (Niederlande, Irland, North Wales, Rhön), *Aulacorthum palustre* (Holland, Berlin, England), *Acyrthosiphon primulae* (England, Japan, Bern (Botanischer Garten)), *Metopolophium albidum* (England, Holland, Nordwestdeutschland, Thüringen), *M. frisicum* (Holland, England, Erlangen, Nordamerika), *Macrosiphoniella chamomillae* (Holland, Frankreich), *Dactynotus erigeronensis* THOMAS (Nordamerikan. Art, Polen, Holland) und *Parathecabius* spec. (= BÖRNER, 757, 773, 774; z. T. für Mitteleuropa noch nicht nachgewiesen).

Mit Hilfe der Saugfallen gelang ferner auch der Nachweis **verbreiteter,** aber **wenig beachteter Arten** für Bonn: *Anuraphis catonii, Holcaphis holci, Aspidaphis polygoni, Lipaphis erysimi, Tubaphis ranunculina, Impatientinum balsamines, Linosiphon galiophagus, Dactynotus taraxaci, Mimeura ulmiphila.*

Besonders stark ist die Zahl der Arten vertreten, die durch Massenbefall und Virusübertragung (= *) **an landwirtschaftlichen Nutzpflanzen** erhebliche Schäden verursachen können. Von diesen wurden durch die Bonner Migrationsexperimente erfaßt: *Sipha maydis** (an Mais, Hafer und Weizen), *Therioaphis trifolii* (an Luzerne), *Hyalopterus pruni** (auf Pflaume), *Rhopalosiphum padi** (an Hafer, Gerste und Weizen), *Rh. maidis** (an Mais, Hirse, Zuckerrohr), *Rh. insertum* (an Reis) *Aphis fabae** (an *Vicia faba,* Zuckerrübe, Spinat und zahlreichen anderen Ackerpflanzen), *Sappaphis mali* (auf Apfel), *S. pyri* und *Anuraphis farfarae* (auf Birne), *Brachycaudus cardui** und *Br. helichrysi** (an Pflaume), *Hayhurstia atriplicis** (an Spinat), *Brevicoryne brassicae** (an Kohlarten). *Lipaphis erysimi** (an *Sinapis-* und *Raphanus*-Arten), *Cavariella aegopodii** (an Karotte und Petersilie), *C. pastinacae** (an Dill und Petersilie), *Phorodon humuli** (an Hopfen), *Myzus ascalonicus** (an Zwiebel), *M. persicae** (auf Pfirsich, Kartoffel und Zuckerrübe etc. etc.), *M. cerasi** (an Sauerkirsche), *Capitophorus eleaagni/carduinus* (an Arti-

schocken), *Nasonovia ribisnigri** (an Salat), *Rhopalosiphoninus latysiphon** (an Kartoffelkeimen), *Acyrthosiphon pisum** (an Erbse, Luzerne, Wicke), *Metopolophium dirhodum**, *M. festucae* und *Sitobium avenae** (an Gräsern und Getreide: Weizen, Gerste, Hafer) und *Megoura viciae** (an Futterwicke).
Beachtliche Ertragsverluste können auch **in Forstkulturen** durch Blattläuse der Familien LACHNIDAE, CHAITOPHORIDAE, THELAXIDAE und der gallenbildenden PEMPHIGIDAE und ADELGIDAE verursacht werden, unter denen wichtige Vertreter auch in den Bonner Fängen nachgewiesen werden konnten, so die *Lachnus*-Arten (auf *Pinus* und *Picea*), die *Periphyllus*- und *Drepanosiphon*-Arten (auf Ahorn), die *Chaetophorus*- und *Pemphigus*-Arten (auf Pappel), *Phyllaphis fagi* (auf Buche), die zahlreichen auf Birke lebenden Arten, *Eucallipterus tiliae* (auf Linde), *Chromaphis juglandicola* (vom Walnußbaum), *Myzocallis castanicola* (auf Eßkastanie), *Tuberculoides annulatus* und *Tuberculatus querceus* und *Thelaxes dryophila* (auf Eiche) sowie die auf Ulme gallenerzeugenden *Eriosoma-*, *Colopha-* und *Kaltenbachiella*-Arten.
Andere durch die Saugfallen erfaßten Arten werden durch Befall und Virusübertragung (= *) **in Gärten, Anlagen und Gewächshäusern** lästig, so: *Ceruraphis eriophori* (am Schneeball), *Dysaphis (Pomaphis) sorbi* (an Vogelbeere) *Liosomaphis berberidis* (an Berberitze), *Myzus ligustri* (an Liguster), *M. persicae** und *M. ornatus** (an zahlreichen Garten- und Gewächshauspflanzen), *Cryptomyzus ribis** (an Johannisbeere), *Cr. korschelti* (an Alpenjohannisbeere), *Hyperomyzus lactucae** (an Schwarzer Johannisbeere), *H. pallidus* (an Stachelbeere) und *Aulacorthum speyeri* (an Maiglöckchen).
Weiteren, in den Bonner Fängen vertretenen Arten kommt in erster Linie Bedeutung zu als **Virusüberträgern** (= *): *Rhopalosiphum nymphaeae**, *Aphis sambuci* Cavariella archangelicae*, *Rhopalosiphoninus staphyleae tulipaellus**, *Aulacorthum solani**, *Macrosiphum rosae**, *M. solanifolii** und *Dactynotus taraxaci**.

Belegexemplare der unter Beratung von Dr. V. F. EASTOP am BRITISCHEN MUSEUM identifizierten Arten befinden sich im FORSCHUNGSLABORATORIUM FÜR ANGEWANDTE ENTOMOLOGIE in Bonn und im BRITISCHEN MUSEUM in London.

Wir sind dem LANDESAMT FÜR FORSCHUNG des Landes Nordrhein-Westfalen zu Dank verpflichtet, uns diese wichtigen Untersuchungen ermöglicht zu haben, der DEUTSCHEN FORSCHUNGSGEMEINSCHAFT, uns die Auswertung derselben gesichert zu haben, und der Leitung des MUSEUMS ALEXANDER KOENIG für das Zur-Verfügungstellen der dazu benötigten Laboratoriumsräume.

Herrn Dr. V. F. EASTOP, London, danken wir für wertvollen Rat bei der Bestimmung der Blattläuse.

XVI. Literaturverzeichnis

[1] JOHNSON, C. G., A suction Trap for small airborne insects which automatically segregates the catch into successive hourly samples. Ann. appl. Biol., **37**, 80–91, 1950.
[2] TAYLOR, L. R., An improved suction trap for insects. Ann. appl. Biol., **38**, 582–591, 1951.
[3] JOHNSON, C. G., Development of research on the insect aerofauna. Brit. Sci. News, **2**, 243–246, 1949.
[4] JOHNSON, C. G., The study of windborne insect populations in relation to terrestrial ecology, flight periodicity and the estimation of aerial populations. Sci. Prog., **153**, 141–162, 1951.
[5] JOHNSON, C. G., and L. R. TAYLOR, The measurement of insect density in the air, Part. II. Laboratory Practice, **4**, 235–239, 1955.
[6] JOHNSON, C. G., and V. F. EASTOP, Aphids captured in a Rothamsted Suction Trap, 5 ft. above ground level, from June to November, 1947. Proc. R. Ent. Soc., London. (A), **26**, 17–24, 1951.
[7] JOHNSON, C. G., The role of population level, flight periodicity and climate in the dispersal of aphids. Trans. Ninth Int. Congr. Ent., **1**, 429–431, 1952.
[8] JOHNSON, C. G., A new approach to the problems of the spread of aphids and to insect trapping. Nature, **170**, 147, 1952.
[9] JOHNSON, C. G., The changing numbers of *Aphis fabae* Scop. flying at crop level, in relation to current weather and to the population of the crop. Ann. appl. Biol., **39**, 525–547, 1952.
[10] HAINE, E., Studien und Experimente zur Frage des Populations- und Massenwechsels und des Flugverhaltens virusübertragender Blattläuse. Anz. Schädlgsk., **27**, 55–59, 1954.
[11] HAINE, E., Häutung, Abflug und Landung der Blattläuse in Wechselwirkung auf die Blattlauszahlen in der Luft. Mitt. Biol. Bundesanst. Bln.-Dahl. H. **85**, 23–27, 1956.
[12] JOHNSON, C. G., L. R. TAYLOR and E. HAINE, The analysis and reconstruction of diurnal flight curves in alienicolae of *Aphis fabae* Scop. Ann. appl. Biol., **45**, 682–701, 1957.
[13] EASTOP, V. F., Diurnal variation in the aerial density of aphididae. Proc. R. Ent. Soc., Lond. (A), **26**, 129–134, 1951.
[14] LEWIS, T., and L. R. TAYLOR, Diurnal periodicity of flight by insects. Trans. Roy. Ent. Soc., Lond., **116**, 393–479, 1965.
[15] HAINE, E., and B. E. EASTOP, Die Erforschung des Insektenflugs mit Hilfe neuer Fang- und Meßgeräte: Blattlausfänge einer englischen Saugfalle aus dem Park des MUSEUMS ALEXANDER KOENIG in Bonn vom 10. bis 31. Oktober 1961. Forschungsberichte des Landes Nordrhein-Westfalen, Nr. 1649, 1–32, 1966.
[16] BÖRNER, C., Die Blattläuse Mitteleuropas. Mitt. Thür. Bot. Ges., Heft 4, Beiheft 3, 1952.

[17] STROYAN, H. L. G., in: KLOET, G. S., and W. D. HINCKS, A checklist of British Insects (2. ed. revised), Part I, Small orders and Hemiptera, 119 pages. Aphididae, 67–86.

[18] KENNEDY, J. S., M. F. DAY and V. F. EASTOP, A conspectus of aphids as vectors of plant viruses. London, Commonw. Agric. Bureaux, 1–114, 1962.

[19] HEINZE, K., Phytopathogene Viren und ihre Überträger. 1–290, Berlin, Duncker und Humboldt, 1959.

[20] BÖRNER, C., und K. HEINZE, Aphidina – Aphidoidea. In: SORAUER, P., Handb. Pfl.-krankheiten, **5**, 5. Aufl., 4. Lfg., 1–402, 1957.

[21] HILLE RIS LAMBERS, D., Contributions to a monograph of the Aphididae of Europe. I–V Temminckia, **3**, 1–44, 1938; **4**, 1–134, 1939; **7**, 179–320, 1947; **8**, 182–324, 1949; 9, 1–176, 1953.

[22] EASTOP, V. F., Thirteen aphids new to Britain and records of some other rare species, Ent. mon. Mag., **92**, 271, 1956.

[23] HAINE, E., Biologisch-Ökologische Studien an Rhopalosiphoninus latysiphon D. Landwirtschaft – angewandte Wissenschaft, 1–58, veröffentl. durch das Bundesministerium f. Ernähr. Landw. u. Forst., Bonn 1955.

[24] SZELEGIEWICZ, H., *Dactynotus erigeronensis* THOMAS, an aphid new to Middle Europe (Homoptera, Aphididae), Bull. de L'Acad. Polon. Sci., CL. II, Vol. **12**, 133–136, 1964.

Tab. 1 Halbstundenfänge von Blattläusen einer englischen Saugfalle vom 7. Oktober 1960 (BI. 3. 60) im I

BJ. 3. 60 7. X. 60		BÖRNER 1952	00.30	01.00	01.30	02.00	02.30	03.00	03.30	04.00	04.30	05.00	05.30	06.00	06.30	07.00	07.30	08.00	08.30	09.00
Schizolachnus pineti	♂	6																		
Periphyllus spp.	♂♂	61–67																		
Phyllaphis fagi	♂♂	106																		
Drepanosiphum platanoidis		114																		
	♂♂	114														3				
Eucallipterus tiliae	♂♂	121																		
Rhopalosiphum nymphaeae	♂♂	174																		
Rhopalosiphum padi		175																1	7	
	♂♂	175															2	1	9	2
Rhopalosiphum maidis		176																		
Rhopalosiphum insertum		177																		
	♂♂	177																		
Aphis spp.		193–324																		
	♂♂	193–324																		
Ceruraphis eriophori		335																		
Dysaphis (Pomaphis) spp.		338–346																		
	♂♂	338–346																1		
Dysaphis spp.		350–369																		
	♂♂	350–369																		
Brachycaudus helichrysi Grp.		379																		
	♂	379																		
Ovatus spp.		464–466																		
	♂♂	464–466																		
Myzus spp.	♂♂	481–492																		
Myzus persicae		485																		
Tubaphis ranunculina		487																		
Myzus cerasi	♂	489, 490																		
Myzus ornatus		493																		
Capitophorus hippophaes		500																		
Capitophorus elaeagni		501, 506																		
Capitophorus similis Grp.		502																		
	♂	502																		
Cryptomyzus galeopsidis		508, 510																		
	♂♂	508, 510													1					
Nasonovia ribisnigri		519																		
Hyperomyzus lactucae		525																	2	
Macrosiphum (S.) fragariae		609																		
Anoecia spp.		704–714			1												2			
Eriosoma ulmi		730																		
Eriosoma patchae		731																		
Colopha compressa		735																		
Tetraneura ulmi		737																		
Prociphilus sp.		751–756																		
Pemphigus spp.		760–772																		
TOTAL					1										4	4	3	18	34	

eums Alexander Koenig, *Bonn*

11.00	11.30	12.00	12.30	13.00	13.30	14.00	14.30	15.00	15.30	16.00	16.30	17.00	17.30	18.00	18.30	19.00	19.30	20.00	20.30	21.00	21.30	22.00	22.30	23.00	23.30	24.00
	1																									
				1			1	1						1												
					1	1				1	1	1		1			1									
5	6	10	6	8	11	5	8	4	2	6	2	2	3	1												
2	1	2	1	2	1			1	1	1		1	2			1				1						
			1							1																
					1					1				1												
10	24	12	31	81	43	57	142	178	142	47	37	25	26	43	49	1	1	1								
17	19	4	24	35	24	32	78	98	66	35	36	40	14	35	28	2										
								1																		
		1				1	2	3	2		2			3	1											
	1		1				2	4	4		1		1	3	1											
1	1		1	2	3	1		2	2	1		1		1												
			2	2		1	1																			
								2																		
	1		1	2	2	2	1	4	1	1	2															
							2			1	1															
							1	2		1																
1	1							1	3	1		1														
						1																				
			1																							
						1						1														
								1	3																	
						1																				
		1																								
						1																				
							1		1																	
								1																		
															1											
						1																				
								1																		
						1	2		2	1																
					1		1		2				1													
			1	1		1																				
3	4	1	3	1	1	8	8			3	5	2														
				1	1							1	1													
	1	2	5	4	11	9	14	21	28	12	5	7	5	2	1											
1							1	2	1			1															
		1					2	3	2				1	1												
						1																				
								1																		
										1																
	1					1																				
40	61	32	75	144	103	116	265	336	267	114	94	81	52	95	80	4	2	1	1							

Tab. 2 Halbstundenfänge von Blattläusen einer englischen Saugfalle vom 16. Oktober 1961 (CI. 6. 61) im

CI. 6. 61 16. X. 61		BÖRNER 1952	00.30	01.00	01.30	02.00	02.30	03.00	03.30	04.00	04.30	05.00	05.30	06.00	06.30	07.00	07.30	08.00	08.30	09.00
Periphyllus sp.	♂	61–67																		
Euceraphis punctipennis	♂♂	104																		
Drepanosiphum platanoidis	♂	114																		
Hyalopterus pruni	♂	172																		
Rhopalosiphum nymphaeae		174																		
Rhopalosiphum padi		175																	2	
	♂♂	175				1				1							2	6	7	
Rhopalosiphum insertum		177																		
	♂♂	177																1		
Aphis spp.		193–324																		
	♂♂	193–324																		
Ceruraphis eriophori	♂	335																		
Dysaphis (Pomaphis) plantaginea	♂	342																		
Brachycaudus/Dysaphis spp.		*																		
	♂♂	*																		
Cavariella aegopodii	♂	457																		
Myzus persicae	♂	485																		
Myzus cerasi	♂♂	489, 490																		
Myzus ornatus		493																		
Capitophorus hippophaes	♂	500																		
Capitophorus similis Grp.	♂♂	502																		
Cryptomyzus galeopsidis	♂	508, 510																		
Cryptomyzus korschelti	♂♂	512																		
Nasonovia spp.	♂♂	519–521																		
Hyperomyzus lactucae		525																1	1	
	♂♂	525																		
Neonasonovia sp.		528, 532																		
	♂♂	528, 532																		
Aulacorthum solani		544, 546, 548																		
Metopolophium dirhodum	♂	580																		
Corylobium avellanae	♂	590																		
Macrosiphum (S.) avenae		610																		
Anoecia spp.		704–714																		
TOTAL						1				1							2	8	10	20

* 350–373, 377, 379, 382, 384

...seums Alexander Koenig, *Bonn*

	11.00	11.30	12.00	12.30	13.00	13.30	14.00	14.30	15.00	15.30	16.00	16.30	17.00	17.30	18.00	18.30	19.00	19.30	20.00	20.30	21.00	21.30	22.00	22.30	23.00	23.30	24.00
													1														
												1		2													
												1															
				1																							
												1															
	7	6	4	3	2	4	5	3	9	7	14	15	12	19	4	3	1										
	6	3	5	4	3	7	1	8	7	4	25	16	17	12	13	3	2										
	1	1		1							1		1														
	6	3	2	3	4	1	1	3	2	1	8	3	8	4	2								1				
		1		1	2	1	1	1	1	3	6	4	3	1			1										
	3	1	2	1	1		1	1	1	3	2			1													
														1													
																1											
											2																
				1							2	4	3	1													
													1														
				1				1																			
				1									1														
									1																		
									1	1																	
								1																			
	1		1	2	2	1	1		1			2	3	2	2												
	1		1	1			1	2		2	1	3	3	2	1												
											1																
		1										1	2														
												1	1														
													1														
																1											
		1	1		1	1	2		1	1	1	1		1													
25	15	17	16	19	16	13	18	25	22	70	52	52	48	21	7	4						1					

Tab. 3 Halbstundenfänge von Blattläusen einer englischen Saugfalle vom 2. August 1962 (DI. 11. 62) im

DI. 11. 62 2. VIII. 62	BÖRNER 1952	00.30	01.00	01.30	02.00	02.30	03.00	03.30	04.00	04.30	05.00	05.30	06.00	06.30	07.00	07.30	08.00	08.30	09.00
Schizolachnus pineti	6																		
Sipha glyceriae	90																		
Phyllaphis fagi	106																		
Betulaphis quadrituberculata	107																		
Drepanosiphum platanoidis	114		1	3		1	2	1	1	2	2	2	5			1	4	9	
Eucallipterus tiliae	121											1			1				
Myzocallis carpini/coryli	122, 123			1										1		1			
Myzocallis castanicola Grp.	125																		
Tuberculoides annulata	128																		
Tinocallis platani	129																		
Tuberculatus querceus	131																		
Pterocallis alni	133																		
Hyalopterus pruni	172	1	1										1		3	3		1	
Rhopalosiphum padi	175						1				1								
Aphis spp.	193–324																	1	
Aphis sambuci	192																		
Aphis corniella	217																		
Brachycaudus sp.	*																		
Brachycaudus helichrysi Grp.	379																		
Brevicoryne brassicae	400																		
Lipaphis erysimi	403																		
Cavariella konoi	? 459																		
Myzus ligustri	480																		
Myzus persicae	485																	1	
Myzus cerasi	489, 490																		
Myzus lythri	492																		
Capitophorus similis Grp.	502																		
Cryptomyzus galeopsidis	508, 510																		
Anthracosiphon hertae	516																		
Hyperomyzus lactucae	525																		
Microlophium evansi	542																		
Aulacorthum speyeri	555																		
Metopolophium dirhodum	580																		
Metopolophium albidum	582																		
Macrosiphum (S.) fragariae	609																		
Macrosiphum (S.) avenae	610																2	1	1
Macrosiphoniella (Phalangomyzus) chamomillae	620																		
Dactynotus erigeronensis																		1	
Megoura viciae	697																		
Anoecia spp.	704–714																		
Eriosoma ulmi	730																		
TOTAL		1	2	4		1	2	2	1	2	2	3	7	1	3	8	5	13	5

* 350–373, 377, 379, 382, 384

MUSEUMS ALEXANDER KOENIG, *Bonn*

	11.00	11.30	12.00	12.30	13.00	13.30	14.00	14.30	15.00	15.30	16.00	16.30	17.00	17.30	18.00	18.30	19.00	19.30	20.00	20.30	21.00	21.30	22.00	22.30	23.00	23.30	24.00
													1														
													1														
													1					1									
								1					1														
	2	3	1	5	2	5	2	8	6	10	8	6	11	10	1	8	17	14	31	16	6	11	8	10	2	4	3
		7		6	3	1	1	2	8	11	9	2	5	7	2	1	9	3	1	1							
			1		1			2	1		1	2	2	2		3	2	1	1								
		1						1		1			2														
	1	2	2	1	1		1		3		2		2			2	5										
						1																					
										1							1										
				1																							
	4	5		1		2	4	4	5	3	2	1	2	4		2	1						1				
			1	1	1																						
		1	1		1	2	2	1	1	1	1	2		1	1												
											1																
							1						1														
							1																				
							1																				
		1		1																							
	1																										
				1																							
		2																									
		1	1				1		1		2	1	1			1		1									
		1					1																				
											1		1			1											
	1																										
								1																			
									1		3	1		1	1	2	1	1									
											1																
					1																						
				1	1																						
				1	1	1			1		1		1	1													
					1																						
	1																										
					1																						
							1																				
	10	23	5	17	7	14	14	25	28	28	27	14	33	28	5	18	37	22	38	18	7	11	8	10	3	4	3

FORSCHUNGSBERICHTE
DES LANDES NORDRHEIN-WESTFALEN

Herausgegeben im Auftrage des Ministerpräsidenten Dr. Franz Meyers
vom Landesamt für Forschung, Düsseldorf

BIOLOGIE

HEFT 8
*Dr. Maria-Elisabeth Meffert und Heinz Stratmann,
Kohlenstoffbiologische Forschungsstation e. V., Essen*
Algen-Großkulturen im Sommer 1951
1953. 42 Seiten, 4 Abb., 20 Tabellen. DM 9,75

HEFT 27
Prof. Dr. E. Schratz, Münster
Untersuchungen zur Rentabilität des Arzneipflanzenanbaues Römische Kamille, Anthemis nobilis L.
1953. 9 Seiten, 1 Tabelle. DM 3,60

HEFT 28
Prof. Dr. E. Schratz, Münster
Calendula officinalis L. Studien zur Ernährung, Blütenfüllung und Rentabilität der Drogengewinnung
1953. 18 Seiten, 2 Abb., 3 Tabellen. DM 5,20

HEFT 33
Kohlenstoffbiologische Forschungsstation e. V., Essen
Eine Methode zur Bestimmung von Schwefeldioxyd und Schwefelwasserstoff in Rauchgasen und in der Atmosphäre
1953. 23 Seiten, 8 Abb., 3 Tabellen. Vergriffen

HEFT 42
Prof. Dr. Burckhardt Helferich, Bonn
Untersuchungen über Wirkstoffe – Fermente – in der Kartoffel und die Möglichkeit ihrer Verwendung
1953. 47 Seiten, 9 Abb. Vergriffen

HEFT 68
Kohlenstoffbiologische Forschungsstation e. V., Essen
Algengroßkulturen im Sommer 1952
II. Über die unsterile Großkultur von Scenedesmus obliquus
1954. 52 Seiten, 3 Abb., 29 Tabellen. DM 11,40

HEFT 83
Prof. Dr. S. Strugger, Münster
Über die Struktur der Proplastiden
1954. 27 Seiten, 15 Abb. DM 8,40

HEFT 94
Prof. Dr. phil. habil. G. Winter, Bonn
Die Heilpflanzen des MATTHIOLUS (1611) gegen Infektionen der Harnwege und Verunreinigung der Wunden bzw. zur Förderung der Wundheilung im Lichte der Antibiotikaforschung
1954. 46 Seiten, 1 Abb., 2 Tabellen. DM 11,50

HEFT 95
Prof. Dr. phil. habil. G. Winter, Bonn
Untersuchungen über die flüchtigen Antibiotika aus der Kapuziner- (Tropaeolum maius) und Gartenkresse (Lepidium sativum) und ihr Verhalten im menschlichen Körper bei Aufnahme von Kapuziner- bzw. Gartenkressensalat per os
1954. 61 Seiten, 9 Abb., 25 Tabellen. DM 14,—

HEFT 131
Dr. rer. nat. W. Hoerburger, Köln
Versuche zur Biosynthese von Eiweiß aus Kohlenwasserstoff
1955. 22 Seiten, 2 Abb., 3 Tabellen. DM 6,90

HEFT 137
Prof. Dr. rer. nat. habil. Walter Baumeister, Münster
Beiträge zur Mineralstoffernährung der Pflanzen
1955. 48 Seiten, 6 Tabellen. DM 11,80

HEFT 144
*Prof. Dr. phil. Hermann Wurmbach,
Zoologisches Institut der Universität Bonn*
Steuerung von Wachstum und Formbildung
VIII. Mitteilung: Übersicht über die bisherigen Ergebnisse
1955. 32 Seiten, 19 Abb. DM 10,30

HEFT 203
Dr. rer. nat. G. Wandel, Bonn
Uferbewachung und Lebendverbauung an den Nordwestdeutschen Kanälen und ihren Zuflüssen sowie an der Ruhr
1956. 109 Seiten, 88 Abb. DM 25,70

HEFT 249
*Dr. rer. nat. Maria-Elisabeth Meffert,
Kohlenstoffbiologisches Forschungsinstitut e. V., Essen*
Weitere Kulturversuche mit Scenedesmus obliquus
1956. 26 Seiten, 5 Abb., 10 Tabellen. DM 8,—

HEFT 254
Prof. Dr. phil. Rolf Danneel,
Zoologisches Institut der Universität Bonn
Quantitative Untersuchungen über die Entwicklung des Ehrlich-Ascitestumors bei Inzuchtmäusen
1956. 41 Seiten, 8 Abb., 17 Tabellen. DM 11,75

HEFT 317
Dr.-Ing. Jürgen Stelter,
Laboratorium für Ultrakurzwellentechnik und Ultraschall an der Rhein.-Westf. Technischen Hochschule Aachen
Mikrobiologische Ultraschallwirkungen
1956. 97 Seiten, 41 Abb., 12 Tabellen. DM 23,90

HEFT 388
Prof. Dr. rer. nat. habil. Walter Baumeister und
Dr. rer. nat. Helmut Burghardt, Münster
Die Bedeutung der Elemente Zink und Fluor für das Pflanzenwachstum
1957. 38 Seiten, 17 Tabellen. DM 10,20

HEFT 389
Prof. Dr.-Ing. habil. Hermann Fink und
Brauerei-Ing. Karl-Wilhelm Hoppenhaus, Köln
Die biologische Eiweiß-Synthese von höheren und niederen Pilzen und die alimentäre Lebernekrose der Ratte
1956. 65 Seiten, 2 Abb., 24 Tabellen. DM 15,60

HEFT 411
Dr. Liesel Sommer und
Prof. Dr. Wilhelm Halbsguth,
Botanisches Institut der Universität Frankfurt
Grundlegende Versuche zur Keimungsphysiologie von Pilzsporen
1957. 90 Seiten, 13 Abb., 32 Tabellen. DM 22,70

HEFT 429
Prof. Dr. O. Kuhn, Köln
Selektive Wirkung verschiedener Stoffgruppen auf tierische Gewebe
1957. 53 Seiten, 32 Abb. DM 13,15

HEFT 508
Limnologische Station Niederrhein der Hydrobiologischen Anstalt der Max-Planck-Gesellschaft,
Krefeld-Hülserberg
Limnologische Untersuchungen des Rheinstromes.
I. Hydrobiologische und physiographische Verhältnisse im Rheinstrom im Bild bisheriger Untersuchungen von Dr. rer. nat. Hans Schmidt-Ries
1958. 64 Seiten. Vergriffen

HEFT 509
Dr. rer. nat. Hans Schmidt-Ries, Krefeld
Limnologische Untersuchungen des Rheinstromes.
II. Physiographische Untersuchungen des Rheines in den Jahren 1951–1957
1958. 280 Seiten, 205 Tabellen als Anhang.
Vergriffen

HEFT 514
Dr. rer. nat. Maria-Elisabeth Meffert,
Kohlenstoffbiologische Forschungsstation Essen
Die Kultur von Scenedesmus obliquus in Abwasser
1957. 34 Seiten, 7 Abb., 7 Tabellen. DM 10,85

HEFT 524
Dr. Siegfried Lockau, Emlichheim
Versuche zur Gewinnung von Kartoffeleiweiß
1958. 42 Seiten, 2 Abb. DM 12,70

HEFT 536
Dr. phil. Carl Wilhelm Czernin-Chudenitz,
Limnologische Station Niederrhein der Hydrobiologischen Anstalt der Max-Planck-Gesellschaft, Krefeld-Hülserberg
Leiter: Dr. rer. nat. Hans Schmidt-Ries
Limnologische Untersuchungen des Rheinstromes.
III. Quantitative Phytoplanktonuntersuchungen
1958. 224 Seiten, 44 Abb. DM 50,—

HEFT 539
Prof. Dr. Leopold v. Ubisch,
im Auftrag der Zoologischen Station Neapel
Die phylogenetischen Symmetrieveränderungen bei den Seeigeln
1958. 56 Seiten, 27 Abb. DM 15,75

HEFT 627
Prof. Dr. phil. Hermann Wurmbach,
Dr. rer. nat. Doddy Tisna-Amidjaja und
P. Rolf Erhard, Bonn
Zoologisches Institut der Universität Bonn,
Entwicklungsgeschichtliche Abteilung
Steuerung von Wachstum und Formbildung.
XVIII. Mitteilung: Zusammenhänge von Zuckerstoffwechsel und Wachstum
1958. 37 Seiten, 19 Abb., 6 Tabellen. DM 13,30

HEFT 629
Dipl.-Ing. Karl Wolters, Laboratorium für Ultraschall an der Rhein.-Westf. Technischen Hochschule Aachen
Zur Wirkung von Ultraschall auf die Keimung und Entwicklung von Pflanzen und auf den Verlauf von Pflanzenkrankheiten
1958. 34 Seiten, 15 Abb., 1 Tabelle. DM 10,—

HEFT 682
Prof. Dr. phil. Hermann Wurmbach,
Dr. rer. nat. Fritz Mombeck,
Dr. agr. Klaus-Josef Nobis und
Dr. rer. nat. Susanne Mertens-Neuling,
Zoologisches Institut der Universität Bonn,
Entwicklungsgeschichtliche Abteilung
Zur Wirkungsweise der sterioiden Hormone auf Wachstum und Differenzierung. XIX. Mitteilung: Steuerung von Wachstum und Formbildung
1959. 45 Seiten, 28 Abb. DM 13,50

HEFT 716
Dr. rer. nat. Maria-Elisabeth Meffert, Essen
Zur Methodik der Freilandkultur einzelliger Grünalgen und Vorschlag eines neuen Kulturverfahrens
1959. 34 Seiten, 16 Abb., 2 Tabellen. DM 10,30

HEFT 738
Prof. Dr. phil. Hermann Wurmbach,
Dr. rer. nat. Lothar Schneider und
Dr. rer. nat. Heinrich Haardick,
Zoologisches Institut der Universität Bonn
Steuerung von Wachstum und Formbildung. XX. Mitteilung: Untersuchungen über Wachstums- und Entwicklungsbeeinflussungen von Tymusfraktionen an Kaulquappen
1959. 24 Seiten, 12 Abb., 1 Tabelle. DM 7,80

HEFT 744
Prof. Dr. Curt Heidermanns und
Dr. Inge Kirchner–Kühn,
Zoologisches Institut der Universität Bonn
Die Ausscheidung von Wirkstoffen im Harn von Wild- und Nutztieren. I. Die Ausscheidung von Phosphatasen, Amylasen und Proteasen
1959. 54 Seiten, zahlr. Tabellen. DM 14,40

HEFT 796
Prof. Dr. phil. Rolf Danneel, Ursula Lindemann und Stefanie Lorenz,
Zoologisches Institut der Universität Bonn
Die Scheckung der schwarz-bunten und rotbunten Niederungsrinder. I. Morphologischer Befund
1959. 39 Seiten, 5 Tabellen. DM 14,20

HEFT 884
Dr. rer. nat. Hans van Haut und
Dr. rer. nat. Dipl.-Chem. Heinrich Stratmann,
Kohlenstoffbiologische Forschungsstation e. V., Essen
Experimentelle Untersuchungen über die Wirkung von Schwefeldioxyd auf die Vegetation
1960. 63 Seiten, 27 Abb., 1 Tabelle. DM 18,80

HEFT 856
Prof. Dr. Heinrich Reploh, Dr. Günther Gängel und
Dr. Alexander Nehrkorn,
Hygiene-Institut der Universität Münster
Untersuchungen über den Einfluß von Abwasser-Organismen auf Krankheitserreger
1960. 26 Seiten, 11 Abb., 11 Tabellen. DM 8,60

HEFT 858
Baudirektor Wolfgang Triebel, Viersen, und
Dipl.-Ing. R. Nowak, Frankfurt
Herstellung von Schmelzphosphat-Dünger bei hygienischer Aufbereitung und Vernichtung von Stadtmüll
1960. 40 Seiten, 4 Abb., 12 Tabellen. DM 11,50

HEFT 952
Dr. rer. nat. Maria-Elisabeth Meffert, Kohlenstoffbiologische Forschungsstation e. V., Dortmund
Die Wirkung der Substanz von Scenedesmus obliquus als Eiweißquelle in Fütterungsversuchen und die Beziehung zur Aminosäure-Zusammensetzung
1961. 48 Seiten, 15 Tabellen. DM 13,70

HEFT 974
Dr. rer. nat. Else Haine, Bonn
Nehmen luftelektrische Faktoren Einfluß auf die Aktivitätswechsel kleiner Insekten, insbesondere auf die Häutungs- und Reproduktionszahlen von Blattläusen?
1961, 80 Seiten, 44 Abb., 9 Tabellen. DM 24,30

HEFT 1001
Dipl.-Phys. Dr. Günter Langner,
Institut für Elektronenmikroskopie
an der Medizinischen Akademie Düsseldorf
Direktor: Prof. Dr. med. H. Ruska
Die Informationsübertragung bei der Mikroskopie mit Röntgenstrahlen
1961. 125 Seiten, 7 Abb. DM 37,—

HEFT 1019
Dr. med. habil. Kurt Herzog,
Chefarzt der Chirurgischen Klinik
der Städtischen Krankenanstalten Krefeld
Zur Methodik der fortlaufenden graphischen Registrierung von Bewegungen der Gliedmaßengelenke des Menschen
1961. 59 Seiten, 26 Abb. DM 19,—

HEFT 1029
Dr. Hans Füsser, cand. rer. nat. Egon Flach und
Prof. Dr. Hermann Fink, Institut für Gärungswissenschaft und Enzymchemie der Universität Köln
Versuche zur gleichzeitigen Gewinnung von Hefeeiweiß und Antibiotika
1962. 39 Seiten, 12 Abb., 13 Tabellen. DM 14,70

HEFT 1044
Prof. Dr. Curt Heidermanns und
Dr. Inge Kirchner–Kühn,
Zoologisches Institut der Universität Bonn
Die Ausscheidung von Wirkstoffen im Harn von Wild- und Nutztieren. II. Die Ausscheidung der 17-Ketosteroide und der 17-ketogenen Steroide
1962. 70 Seiten, 26 Abb., 11 Tabellen. DM 23,—

HEFT 1086
Prof. Dr. rer. nat. habil. Walter Baumeister und
Dr. rer. nat. Lothar Schmidt,
Botanisches Institut der Universität Münster
Die physiologische Bedeutung des Natriums für die Pflanze. I. Versuche mit höheren Pflanzen
1962. 42 Seiten, 20 Tabellen. DM 14,50

HEFT 1170
Charles Boursin, Zoologisches Forschungsinstitut und Museum Alexander Koenig, Bonn
Die „Noctuinae-Arten" (Agrotinae vulgo sensu) aus Dr. h. c. H. Hönes China-Ausbeuten. Beitrag zur Fauna Sinica
1963. 107 Seiten, 22 Tafeln im Anhang. DM 62,60

HEFT 1184
Dr. rer. nat. Dipl.-Chem. Heinrich Stratmann,
Forschungsinstitut für Luftreinhaltung e. V., Essen
Freilandversuche zur Ermittlung von Schwefeldioxydwirkungen auf die Vegetation. II. Teil: Messung und Bewertung der SO-Immissionen
1963. 69 Seiten, 11 Abb., 52 Tabellen. DM 33,80

HEFT 1217
Prof. Dr. Curt Heidermanns und Dr. Inge Kirchner-Kühn, Zoologisches Institut der Universität Bonn, Abteilung für vergleichende Physiologie
Die Ausscheidung von Wirkstoffen im Harn von Wild- und Nutztieren. III. Die Ausscheidung von oestrogenen Substanzen
1963. 67 Seiten, 4 Abb., 23 Tabellen. DM 24,50

HEFT 1236
Prof. Dr. Hermann Fink † und Elisabeth Herold, bearbeitet von Dr. Ilse Schlie, Institut für Gärungswissenschaft und Enzymchemie der Universität Köln
Direktor: Prof. Dr. Hermann Fink †
Über den biologischen Wert der einzelligen Grünalge Scenedesmus obliquus – frisch und verschieden getrocknet – und ihre diätetischen und therapeutischen Eigenschaften
1963. 39 Seiten, 17 Abb., 11 Tabellen. DM 15,40

HEFT 1247
Prof. Dr. Karl-Ernst Wohlfahrt-Bottermann, Zentral-Laboratorium für angewandte Übermikroskopie am Zoologischen Institut der Universität Bonn
Zellstrukturen und ihre Bedeutung für die amöboide Bewegung
1963. 104 Seiten, 25 Abb., 1 Tabelle. DM 46,80

HEFT 1371
Prof. Dr. phil. Hermann Wurmbach,
Dr. rer. nat. Anneli Biwer,
Dr. rer. nat. Lothar Schneider,
Dr. rer. nat. Hanne-Lore Pohland und
Ursula Borchert,
Zoologisches Institut der Universität Bonn, Entwicklungsgeschichtliche Abteilung
Zur antithyreoidalen und Mißbildungen erzeugenden Wirkung pflanzlicher und tierischer Öle bei Kaulquappen
1964. 71 Seiten, 41 Abb. DM 35,80

HEFT 1426
Prof. Dr. med. Erich A. Müller,
Max-Planck-Institut für Arbeitsphysiologie, Dortmund
Die Messung der Veränderung der vertikalen Blutverteilung beim Stehen
Dr. med. Jürgen Stegemann,
Max-Planck-Institut für Arbeitsphysiologie, Dortmund
Der Einfluß künstlicher Beatmung auf den arteriellen Kohlendioxyddruck, das arterielle pH und die Stoffwechselgröße
1964. 54 Seiten, 15 Abb., 2 Tabellen. DM 25,50

HEFT 1483
Prof. Dr. Robert Potonié,
Geologisches Landesamt Nordrhein-Westfalen, Krefeld
Fossile Sporae in situ
Vergleich mit den Sporae dispersae
Nachtrag zur Synopsis der Sporae in situ
1965. 74 Seiten, 70 Abb. DM 29,80

HEFT 1484
Dr. Julija Indans,
Geologisches Landesamt Nordrhein-Westfalen, Krefeld
Mikrofaunistisches Normalprofil durch das marine Tertiär der Niederrheinischen Bucht
1965. 85 Seiten, 9 Abb., 10 Tabellen. DM 46,—

HEFT 1566
Dr. phil. Karl Schmitz-Moormann, Münster
Das Weltbild Teilhard de Chardin's I.
Physik – Ultraphysik – Metaphysik
Untersuchungen zur Terminologie Teilhard de Chardin's
1966. 204 Seiten, 16 Abb. DM 86,80

HEFT 1582
Dipl.-Ing. Dr. techn. Ernst Kofrányi und
Dr. rer. nat. Friedrichkarl Jekat,
Max-Planck-Institut für Ernährungsphysiologie, Dortmund
Die biologische Wertigkeit von Kartoffelproteinen
1965. 29 Seiten, 10 Abb., 3 Tabellen. DM 14,80

HEFT 1588
Priv.-Dozent Dr. med. Karlheinz Neumann, Wilhelmshaven, Institut für Industrielle und Biologische Forschung, Köln
Die biologisch wichtigen Inhaltsstoffe der Pflaumen und die Ursachen ihrer laxierenden Wirkung
1965. 52 Seiten, 18 Tabellen. DM 22,70

HEFT 1609
Priv.-Dozent Dr. Ferdinand Amelunxen
Botanisches Institut und Botanischer Garten der Westfälischen Wilhelms-Universität Münster
Direktor: Prof. Dr. Hans Reznik
Untersuchungen an Ribosomen
1965. 39 Seiten, 15 Abb., 7 Tabellen. DM 23,50

HEFT 1610
Dozent Dr. rer. nat. Hans Kaja, Botanisches Institut der Westfälischen Wilhelms-Universität, Münster
Direktor: Prof. Dr. Hans Reznik
Elektronenmikroskopische Untersuchungen über die Struktur der Chloroplasten einiger niederer Pflanzen
1966. 52 Seiten, 27 Abb., 2 Tabellen. DM 29,40

HEFT 1648
Prof. Dr. Dr. h. c. Heinrich Kraut und
Dr. rer. nat. Maria-Elisabeth Meffert,
Kohlenstoffbiologische Forschungsstation e. V., Dortmund
Über unsterile Großkulturen von Scenedesmus abliquus
1966. 61 Seiten, 18 Abb., 24 Tabellen. DM 35,—

HEFT 1649
*Dr. rer. nat. Else Haine und Barbara E. Eastop,
Forschungslaboratorium für angewandte Entomologie
im Museum Alexander Koenig, Bonn*
Die Erforschung des Insektenflugs mit Hilfe neuer
Fang- und Meßgeräte
Blattlausfänge einer englischen Saugfalle aus dem
Park des Museums Alexander Koenig in Bonn vom
1. bis 21. Oktober 1961
1966. 29 Seiten, 3 Abb. DM 22,30

HEFT 1678
*Prof. Dr. rer. nat. habil. Walter Baumeister, Dr. rer.
nat. Adelheid Bado (Schwester Petra) und Dr. rer. nat.
Dietrich Conrad, Botanisches Institut der Westfälischen
Wilhelms-Universität, Münster*
Die physiologische Bedeutung des Natriums für
die Pflanze
II. Versuche mit niederen Pflanzen
1966. 47 Seiten, 3 Abb., 20 Tabellen. DM 23,60

HEFT 1699
Dr. rer. nat. Else Haine und Barbara E. Eastop, Forschungslaboratorium für angewandte Entomologie im Museum Alexander Koenig, Bonn
Die Erforschung des Insektenflugs mit Hilfe neuer
Fang- und Meßgeräte: Der Nachweis von Blattläusen (Homoptera: Aphidoidea CB.) im Park des Museums Alexander Koenig durch englische Saugfallen in den Jahren 1959, 1960, 1961 und 1962

HEFT 1761
*Honorarprofessor Dr. Robert Potonie, Geologisches
Landesamt Nordrhein-Westfalen*
Versuch der Einordnung der fossilen Sporae dispersae in das phylogenetische System der Pflanzenfamilien
Teil II Thallophyta bis Gnetales
Teil II Angiospermae   *In Vorbereitung*

HEFT 1803
*Prof. Dr. rer. nat. habil. Walter Baumeister, Dr. rer.
nat. Wilfried Ernst und Ferdinand Rüther, Botanisches
Institut der Universität Münster*
Zur Soziologie und Ökologie europäischer Schwermetall-Pflanzengesellschaft   *In Vorbereitung*

Verzeichnisse der Forschungsberichte aus folgenden Gebieten können beim Verlag angefordert werden:
Acetylen/Schweißtechnik – Arbeitswissenschaft – Bau/Steine/Erden – Bergbau – Biologie – Chemie – Druck/Farbe/Papier/Photographie – Eisenverarbeitende Industrie – Elektrotechnik/Optik – Energiewirtschaft – Fahrzeugbau/Gasmotoren – Fertigung – Funktechnik/Astronomie – Gaswirtschaft – Holzbearbeitung – Hüttenwesen/Werkstoffkunde – Kunststoffe – Luftfahrt/Flugwissenschaften – Luftreinhaltung – Maschinenbau – Mathematik – Medizin/Pharmakologie – NE-Metalle – Physik – Rationalisierung – Schall/Ultraschall – Schiffahrt – Textilforschung – Turbinen – Verkehr – Wirtschaftswissenschaften.

WESTDEUTSCHER VERLAG · KÖLN UND OPLADEN
567 Opladen/Rhld., Ophovener Straße 1–3

MIX
Papier aus verantwortungsvollen Quellen
Paper from responsible sources
FSC® C105338

If you have any concerns about our products,
you can contact us on
ProductSafety@springernature.com

In case Publisher is established outside the EU,
the EU authorized representative is:
Springer Nature Customer Service Center GmbH
Europaplatz 3, 69115 Heidelberg, Germany

Printed by Libri Plureos GmbH
in Hamburg, Germany